U0353525

寿山石鉴藏全书

沈 泓 编著

全国百佳出版社
中央编译出版社
CCTP　Central Compilation & Translation Press

图书在版编目 (CIP) 数据

寿山石鉴藏全书 / 沈泓编著. —北京：中央编
译出版社，2017.2
（古玩鉴藏全书）
ISBN 978-7-5117-3132-6

I. ①寿… II. ①沈… III. ①寿山石－鉴赏－中国②
寿山石－收藏－中国 IV. ①TS933.21②G262.9

中国版本图书馆 CIP 数据核字 (2016) 第 235917 号

寿山石鉴藏全书

出 版 人：葛海彦
出版统筹：贾宇琰
责任编辑：邓永标　舒　心
责任印制：尹　珺
出版发行：中央编译出版社
地　　址：北京西城区车公庄大街乙 5 号鸿儒大厦 B 座 (100044)
电　　话：(010) 52612345（总编室）　　(010) 52612371（编辑室）
　　　　　(010) 52612316（发行部）　　(010) 52612317（网络销售）
　　　　　(010) 52612346（馆配部）　　(010) 55626985（读者服务部）
传　　真：(010) 66515838
经　　销：全国新华书店
印　　刷：北京鑫海全澳胶印有限公司
开　　本：710 毫米 × 1000 毫米　1/16
字　　数：350 千字
印　　张：14
版　　次：2017 年 2 月第 1 版第 1 次印刷
定　　价：79.00 元

网　　址：www.cctphome.com　　邮　　箱：cctp@cctphome.com
新浪微博：@中央编译出版社　　微　　信：中央编译出版社 (ID：cctphome)
淘宝店铺：中央编译出版社直销店 (http://shop108367160.taobao.com) (010) 52612349

凡有印装质量问题，本社负责调换，电话：010-55626985

前言

　　中国是世界上文明发源最早的国家之一，也是世界文明发展进程中唯一没有出现过中断的国家，在人类发展漫长的历史长河中，创造了光辉灿烂的文化。尽管这些文化遗产经历了难以计数的天灾和人祸，历尽了人世间的沧海桑田，但仍旧遗留下来无数的古玩珍品。这些珍品都是我国古代先民们勤劳智慧的结晶，是中华民族的无价之宝，是中华民族高度文明的历史见证，更是中华民族五千年文明的承载。

　　中国历代的古玩，是世界文化的精髓，是人类历史的宝贵的物质资料，反映了中华民族的光辉传统、精湛工艺和发达的科学技术，对后人有极大的感召力，并能够使我们从中受到鼓舞，得到启迪，从而更加热爱我们伟大的祖国。

　　俗话说："乱世多饥民，盛世多收藏。"改革开放给中国人民的物质生活带来了全面振兴，更使中国古玩收藏投资市场日见红火，且急遽升温，如今可以说火爆异常！

　　古玩收藏投资确实存在着巨大的利润空间，这个空间让所有人闻之而心动不已。于是乎，许多有投资远见的实体与个体（无论财富多寡）纷纷加盟古玩收藏投资市场，成为古玩收藏的强劲之旅，古玩投资市场也因此而充满了勃勃生机。

　　艺术有价，且利润空间巨大，古玩确实值得投资。然而，造假最凶的、伪品泛滥最严重的领域也当属古玩投资市场。可以这样说，古玩收藏投资的首要问题不是古玩目前的价格与未来利益问题，而应该说是它们的真伪问题，或者更确切地说，是如何识别真伪的问题！如果真伪问题确定不了，古玩的价值与价格便无从谈起。

　　为了更好地解决这一问题，更为了在古玩收藏投资领域仍然孜孜以求、乐此不疲的广大投资者的实际收藏投资需要，我们特邀国内既研究古玩投资市场，又在古玩本身研究上颇有见地的专家编写了这本《寿山石鉴藏全书》，以介绍寿山石专题的形式图文并茂，详细阐述了寿山石的起源、发展历程、寿山石的分类和特征、收藏技巧、鉴别要点、保养技巧等。希望钟情于寿山石收藏的广大收藏爱好者能够多一点理性思维，把握沙里淘金的技巧，进而缩短购买真品的过程，减少购买假货的数量，降低损失。

　　本书在总结和吸收目前同类图书优点的基础上进行撰稿，内容丰富，分类科学，装帧精美，价格合理，具有较强的科学性、可读性和实用性。

　　本书适用于广大寿山石收藏爱好者、国内外各类型拍卖公司的从业人员，可供广大中学、大学历史教师和学生学习参考，也是各级各类图书馆和拍卖公司以及相关院校的图书馆装备首选。

编者

2016年11月于北京·阅园

目录

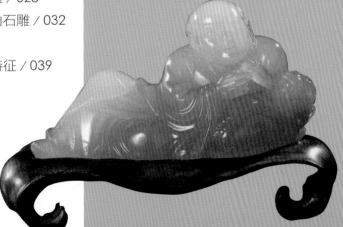

第三章

寿山石的工艺

第
一
章

寿山石雕的历史

◁ 和谐　邱瑞坤作

一
寿山石雕始于何时

　　寿山石作为原石（自然石），已经温润华丽无比，经过雕工的磨砺雕琢后，更成为巧夺天工、鬼斧神工的艺术品。

　　按常理，应该是采石在前，雕石在后，但在寿山石文化史上，它们却是颠倒过来的，即雕石在前，采石在后。理由是从福州出土的南朝随葬小石猪是经过雕琢的；而作为石材，却是拣拾于裸露地表的寿山老岭石，而不是开采得来的寿山诸种石。

　　因此，学者专家们形成了一种比较统一的看法，即寿山石雕起源于1500年前的南朝，而开采史却比它晚了500年，始于宋，有颇多的文献可以证明。

　　寿山石雕始于南朝一说，近年来也有新论。因为从福州古墓中也曾出土了一件翁仲俑，石材也是老岭石，但形制却与汉代玉雕的翁仲风格一致。一些考古专家推测为汉代物，但发掘时未见其他证明材料（如纪年墓砖等）。因此，这个推断未被学术界一致接受，尚有待进一步考证。如果得到证实，则寿山石雕史就要提前两三百年。

　　寿山石雕即使始于南朝，也是极有意义的。因为闽中地方原为土著古越人的住地。到了南朝，由于中原汉人和中原文化的陆续南下，经过长期血缘和文化的交融，单纯血统的古越人，已为中原人和古越相混的"闽人"所代替。

　　出土的寿山石猪正是"闽文化"最早的一种形态的遗迹。它形态古朴，线条简略，雕工粗陋，但形象逼真。其中既有古越民族艺人的遗存，又有中原文化的浸润。有人说：从出土的寿山石猪作品上，可以寻觅陕西汉墓石雕的痕迹。

△ 寿山石印

△ 善伯石 雕件 王则坚作

△ 品种石　五古兽　林水源作

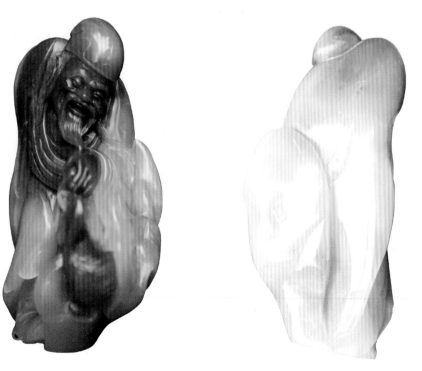

△ 寿星（正、背面）

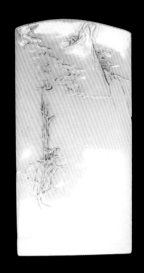

△ 山水人物

二
唐五代寿山石雕

　　到了唐朝、五代，中国的佛教在南方勃兴。寿山地区寺院林立，有九峰院、芙蓉院、林阳寺等，住院僧侣数千。有些人就地取材，广集寿山石，磨砺雕琢成小摆件等，除了供自用外，多作为礼品，馈赠给游客。

　　从此，寿山石雕开始流向四方，传名于世。后来，这些寺庙大多毁圮，院殿内容和僧侣之作，是此时寿山石雕的主要特征。而僧人则是寿山石从闽中对外传播的最初使者。可惜至今未曾见到唐时的遗物。

三
宋代寿山石雕

　　宋时，我国北方有更多人南下，繁荣的经济、文化也随之南移，福州成了东南沿海的一大都会。

　　"百货随潮船入市，万家沽酒户垂帘"，市场的发达，也促进了寿山石的开采和雕制。近数十年来，福州地区宋墓大量出土寿山石俑，就是明证。如1959年，单从西郊淮安观音亭一座宋墓中，就出土了四十多件寿山石俑。1966年又从东郊金鸡山一座宋墓中出土了寿山石俑一百多件。

　　这些出土的石俑，形制相似，规格统一，可以看出是从雕刻作坊统一制作出来的。如文臣俑，多是立像，或着长袍，束高髻，或戴纱冠，拥朝笏；武将俑，则戴盔披甲，握刀执剑，极显威武；民俑则分男女老少；女俑又分"环肥燕瘦"，或舞蹈，或劳作，姿态姣美；尚有神禽、动物等雕刻，写实与想象之作兼有，风格严谨，生动活泼，雕技也比前代提高。

△ **雕件**

△ **寿山芙蓉石 摆件**

高12.5厘米

△ 善伯石　千秋硕果　庄圣海作

△ 花坑石　愿者上钩

△ 寿山高山桃花洞石　钮章
高8.5厘米

△ 寿山汶洋石　古兽钮章
高9.8厘米

联系到《观石录》等关于"宋时故有坑，官取造器，居民苦之"的著述，可以认定宋朝时福州已有官设的寿山石雕作坊，并拥有一定数量的专业石雕匠人服务于官府，也服务于社会。作品除了石俑之外，尚有各种器皿、会器和小摆件。雕刻的技艺开始走向成熟，比起前朝的石雕风姿绰约多了。因此，有部分珍品被选作贡品，进献京华。

在众多的宋代寿山石俑中，常见一种蛇身人首俑，而且有的竟是高11厘米、宽3.1厘米的"大俑"。从中可见福建古代以蛇为图腾的习俗，到了宋时，仍很盛行。"闽"乃福建的简称，闽字就是门中一条虫，其形象如一条盘踞在地上的眼镜蛇。寿山石雕人面蛇身俑的出土，又证实了寿山石雕具有闽文化的地方特色。

1973年6月在黑龙江绥滨县中兴地区，从金代中晚期（1175～1234）墓葬中出土一件土褐色寿山石雕"飞天"，其脸型、服饰与宋壁画相似。它让人猜测，南国的寿山石雕，是否随着宋、金之间的战事和经济、文化的交往，而辗转流传到了北地他乡，若是如此，则寿山石雕又将添加一则趣话。

宋代或许就已有寿山石圆雕作品，1973年1月，上海《东方杂志》第二十七卷第三号卷首插图，曾载一件题为《曙光》（原名《如日之升》）的寿山石雕，评介文字写道："刀法高古，皴法雅洁，布置深邃，石质温润，颇有宋元画意。"并判定此雕为明以前的作品。

△ 白芙蓉狮钮章料（三方）　清代

2.4厘米×2.4厘米×8厘米

△ 踏雪寻梅田黄薄意章料　清末至民国　佚名刻

高3.7厘米

四
元、明寿山石雕

　　元、明之交，著名画家王冕首创以花乳石作为印章材料，改变了我国历来以铜玉为印材的传统。因为寿山石"洁净如玉，柔而易攻"，遂成为最佳的印材之一。独特的石钮装饰雕刻艺术，也随着石章的出现而面世。而且由于文人的喜爱和经济的发展以及对印信的需求，石章在民间广泛发展，石章雕刻艺术日臻精进，闻名于世的篆刻家和印章雕刻家便应运而生。

△ 熟栗黄田黄冻石　童戏　周宝庭作

10厘米×6厘米×3厘米

△ **寿山石印（五方）**

关于元时的寿山石雕情况，今日已不可考。唯明时尚有不多的实物、资料可见。

清同治年间修葺闽南"林李少宗祠"时，出土了明李卓吾的两枚遗印，一镌白文"李贽"（现藏泉州市文管会）。石为灰白色的寿山柳坪石，印宽3.4厘米，高7.3厘米。于平台上刻单狮钮，侧首蹲坐，神态淳朴，从中可以窥见明工制钮风格。

福州民间收藏有一枚明刻"天官赐福"印章，造型简陋，形体粗犷，刀法直线刻画，人物脸部手脚只略加表现。印章边上浅雕山水、花鸟，如民间剪纸画，单纯古朴。

寿山石章的印钮雕刻，始于元、明，它是在继承历代印章顶部的雕刻艺术基础上发展起来的。在题材的表现上，主要有古兽、动物、翎毛、鱼虫、人物、花果、博古图案等。古兽印钮头的雕刻，主要表现古代神话传说中的各种神化了的兽类，如古狮、螭虎、龙、凤等。与古兽类相仿的是动物类印钮头雕刻，其主要表现为十二生肖等动物。

△ 寿山石印

△ 寿山芙蓉石钮章（三方）

　　对古兽与动物类的印钮雕刻，在技法上往往以转身侧首安排，既简练刻画出动态神情，又尽量保持石形的完整，在风格上力求古朴，而又呈现筋力遒劲。

　　对翎毛、鱼虫、花果的雕刻，往往按印顶的石形及彩石的俏色，进行取巧雕刻，具有浓郁的生活气息。

　　1984年台湾出版一册《中国文物·雕刻》，推出一件寿山石雕《三山紫微堂》，注明为明时作品，高5厘米，宽8.5厘米，在自然形的石材上用高浮雕法刻群鹅、山水，技法初见精熟。

　　福州博物馆收藏一方半山芙蓉印章《梅》，系明末的薄意刻品。腊梅从上到下，利用红黄色作巧色安排，运用浅浮雕刀法，上部梅枝刻得尚通透，但不够精细。此是早期的薄意雕刻的典型作品，显得粗糙。

　　究其原因，因为元、明石章艺术家的兴趣，是以篆刻作为主要的施艺点，印钮和印章四周的雕刻是次要的，仅起一点装饰的作用，尚未作为一种独立的雕刻艺术加以表现。

△ **寿山芙蓉石钮章（三方）**

△ 竹

五
清代寿山石雕

　　到了清代，寿山石雕已经走过了萌发、成长、开花、初熟的千年历程，进入了昌盛期。

　　此时不但雕艺更加成熟，并且涌现出冠盖众石的崭新石种——田黄石。此乃清时寿山石文化的鼎盛时期。

　　清时的雕刻师因材施艺的水平普遍比前代提高了，能按寿山石材的形态、色质的不同，分别雕制印章、人物、动物、文具、器皿。印钮的制作也更加生动和多样化了。

据清毛奇龄在《后观石录》所云，在他收藏的49枚寿山石印章中，单是兽钮就有螭虎、辟邪、狻猊、青羯、天马、獬豸、貔、貘等20余种钮式。如果以立、卧、蹲、倒等姿态细分则更多。此外还有山水、花鸟、人物、博古等其他钮式。

此时的雕刻技法，又日臻精进，且有突破。除了圆雕、高浮雕、薄意等常见技法外，还出现了阴刻和链条雕刻。1997年夏，被彩印成国家邮票发行的乾隆帝印玺《三链章》，就是此时的链条雕刻的杰作。

作为清代寿山石文化昌盛的标志，突出地表现在石雕艺坛上出现了技艺超前的一代宗师杨璇与周彬。

杨璇又名杨玉璇，清康熙年间漳浦人，客居福州，精于寿山石人物、兽钮的雕刻。他首创了"审曲面势"的雕刻法，根据寿山石的丰富色彩依色巧雕，即所谓的"取巧"，使人物、动物、花鸟等的造型，达到形、神、情、趣兼具。

他构思精妙，刀法古朴，是公认的寿山石雕的鼻祖。《达摩过江》是其代表作。像高约10厘米，达摩的左手提着衣褶，右手托着草鞋，头部微侧向前，显其过江之势，动感自然舒展。佛像面额饱满微笑，两眼圆睁，鼻宽且平，两唇略张，给人以全神贯注之感。衣纹雕刻得既贴切妥当，又疏密有致，富有节奏感，袈裟上并有宝石镶嵌，可谓匠心独运。

与杨玉璇同时代的另一位石雕大师是周彬。周彬又名周尚均。他喜用夸张的手法刻兽钮，使其形态与众不同，印旁的博古纹多取青铜器纹样，并在纹中隐刻双钩篆字"尚均"，其精细的雕风令人叹服。

北京故宫博物院的寿山石珍藏品，多为杨、周二人的作品。这是因为他们的作品多作为当时的福建地方贡品送京。

名冠众石的新石种田黄石的出现，也是清时寿山石文化昌盛的重要标志之一。

明末清初，田黄石为福州文人曹学全偶然发现，从此身价大增。据陈亮伯于《说印》中说：他初入京时，"每石（田黄）一两，价六两至十五两银"，以后更增至"换银四十两"。

崇彝在《说田黄补》中也说："七两之石（田黄），竟得价二千数百元……一枚田黄章，重不过一两四钱，竟以二百五十元取之。"田黄因其极为罕见、珍贵，故雕琢制作也极为小心。

乾隆御宝《三链章》，就是由高级雕刻师和篆刻师在一块大田黄石上精心合作雕成的。从邮票《三链章》小型张和有关图片资料上，我们可以看到三条活石链条，连接着三枚印章，左印方形，刻"乾隆宸翰"，右印亦方形，刻"惟真惟一"，中间印为椭圆形，刻"乐天"，极为精美珍贵，大方典雅。

台北"故宫博物院"也收藏有一套九方的清时田黄印章《鸳锦云章》。每方印章均刻有不同的古兽印钮。印文由"循连环"三字组成，每方印有九个字，各方篆体不相同，九方便有九种篆体。将田黄石切割成相同的方形印章，本来就是一桩难事，何况还要雕上不同的印钮，刻上不同的篆体字。真可谓构思精巧，刀法纯熟，实为稀世珍品。

△ **万事如意田黄薄意章　清末至民国　佚名刻**
高3.5厘米

◁ **老性俏色朱砂芙蓉古兽扁方章**
4.3厘米×2.9厘米×7.3厘米

六
清末寿山石雕流派

到了清末同治、光绪年间福州寿山石雕因发源地不同、师承关系各异、市场对象出现分野以及雕风习俗的区别等，出现了流派，主要是东门派和西门派。流派的竞争和发展，成为寿山石文化提高的推动力，促进了从清末到民国初百余年间寿山石雕事业的繁荣和发展。

寿山石雕形成东、西门流派，有一定的历史背景。清朝初期寿山石雕艺术昌盛，名手辈出。如康熙年间的杨璇、周彬和魏开通等雕刻巨匠，佳作多为宫廷"秘藏"。嗣后又涌现董沧门、奕天、妙巷等一批艺人，都以高超的技艺而闻名于世。那个时期的寿山石雕艺术品，主要为反映皇权思想的宫廷艺术服务，迎合达官贵人、士大夫们的审美观念，尚没有明显的门派之分。

19世纪中叶爆发的鸦片战争，迫使中国自给自足的自然经济解体，传统的寿山石雕也产生了新的变化。从此，寿山石雕不再是单纯的印章文玩品，还作为手工艺品通过马尾、厦门等口岸远销各国，并随着海外市场需求量的增长，从业队伍也不断扩大，逐步形成了两大不同的艺术流派。

约在同治年间，潘玉茂、林谦培两位石雕高手在清初杨玉璇、周尚均的传统技艺基础上，各自发挥。潘玉茂与他的堂弟潘玉进、潘玉泉在福州西郊的凤尾乡传艺，林谦培则同弟子林元珠在东门后屿乡授徒，这就产生了寿山石雕艺术风格上的两大流派，即后人所称的"西门派"和"东门派"。

◁ 寿山芙蓉石　母子螭虎钮章
高5厘米

七
东门派的师承关系

　　"东门派"发源于福州东门外的后屿村以及毗邻的樟林、寿岭、横屿各村，以同治、光绪年间的林谦培为鼻祖。

　　"东门派"雕刻品种丰富，大量供应出口，作品精巧玲珑，矫健华丽，雕镂结合，富有装饰效果。雕刻队伍庞大，艺人亦工亦农，遍及后屿及其附近的前屿、樟林、秀岭各乡村。技艺多由父子、兄弟传承。如林元珠传弟元水、子友清，林友清又传子林寿，林氏家族成了这一流派的技术中坚力量。

　　在异姓门人中，也出现像郑仁蛟、黄恒颂、周宝庭等一批出类拔萃的名师。黄恒颂擅长动物圆雕，形象生动逼真，富有时代气息。

　　林谦培以雕刻观赏性的陈设品为主，供应世俗和市场需要，作品注意俏色和装饰效果。刀法考察雕镂结合，修光喜多施以刀法。林谦培多才多艺，既能雕制印钮、博古，又擅锦纹开丝，作圆雕人物也大有特色。

　　雕像多身短，衣褶流动，静中有动，面目传神。

　　其嫡传高足为林元珠，为东门派副座人物。他的构思别出心裁，运刀婉转流畅，人物、山水、花鸟雕刻无所不精。所刻印钮多用开丝法，毫发间条条清晰，不断不折，堪称一绝。

　　林元珠三传弟子：一传次子林友清；二传堂弟林元水；三传弟子郑仁蛟。

　　林友清秉承家法，又时出新意。其薄意雕与西门派的薄意大师"西门清"林清卿齐名，被称为"东门清"，传为石雕艺史佳话。

郑仁蛟师事林元珠后，又先后学
习青石雕、木雕、木偶、泥人等民间
工艺，以他艺之长融于石雕之中，使
所刻人物、动物、钮饰更具特色。许
多民间喜闻乐见的传说，在其刀笔之
下都栩栩如生地展现于石坛上。

郑仁蛟师从林元珠，但不受陈法
束缚，传游各地，寻师访友，吸收姐
妹艺术长处，丰富石雕传统技法。

郑仁蛟再传弟子甚众，出色者有
黄信开、黄恒颂、王乃杰三人。黄信
开擅刻观音，黄恒颂善雕水牛，王乃
杰以刻石榴盂见长，均成为收藏家竞
相求购的珍品。

当代"东门派"传人，造诣高
深，影响深远者，应是雕刻大师周宝
庭和林寿二人。

周宝庭，是东门后屿村人。周宝
庭早年随林友清学艺，后又得郑仁蛟
指导，集各流派精华，兼收并蓄，自
成一家。

他擅长古兽、仕女、印钮雕刻。
他虽出道于"东门派"，却善于吸收
"西门派"的技艺长处，是一个融汇
东、西两派艺术的重要人物。

以他所刻古兽和鲺钮为例，既有
东门派的尖刀法深刻、剔透、灵巧，
又有西门派圆刀法的薄雕、深厚、凝
重、寓意的情调。他的杰出贡献，还
在于晚年致力于传统古兽雕刻艺术的
整理，以惊人的记忆力，默刻了古兽
二百余种。

△ 寿山薄意花卉章（一对）　清末至民国
1.8厘米×1.8厘米×7.9厘米

这些作品为古兽雕刻从印章装饰物成为独立的雕刻艺术奠定了基础，并为后人留下了十分宝贵的实物资料。由于他的杰出贡献，国家有关部门授予他工艺美术界最高荣誉——"中国工艺美术大师"称号。

林寿为林元珠嫡孙、林友清第三子，既秉承家学渊源，又能推陈出新，是一位能完善继承传统，又极具创新意识的民间雕刻艺术家。他用石注重俏色，布局疏密有致，刀法多以"尖刀"，作品富丽清灵，而且技法全面，圆雕、浮雕、透雕、薄意雕均为其所长。

从20世纪50年代到他逝世时的80年代，材大、价昂的田黄薄意作品，绝大部分出自他和"西门派"另一位杰出雕师王雷庭之手。

1984年他雕刻的一组田黄石作品《秋山行旅》《岁寒三友》《柳鹅》，获第四届全国工艺美术百花奖"金杯奖"的最高荣誉。田黄冻《秋山行旅》（重550克）、银裹金田黄《柳鹅》（重105克），在香港的售价都在百万港元以上。

林友竹也是当代寿山石雕大师。他师承其父林元水，又学艺于郑仁蛟门下。除了自己艺高一筹，名重艺坛之外，他最大的贡献就是授徒多，成材亦多。当代著名雕师郭功森、郭懋介、林炳生、林发述、林元康等都是他的高徒。他们有的被评为全国工艺美术大师，有的被评为省级工艺美术大师。他们的作品，多为国内外博物馆和海内外收藏家竞相收藏的珍品。

△ 柳坪石　如意观音　黄信开作

△ 三色杜陵古象钮方章　孙洁鸣刻
3厘米×3厘米×8.5厘米

△ 真石　翁童乐　田黄冻石
8.5厘米×6厘米×3厘米

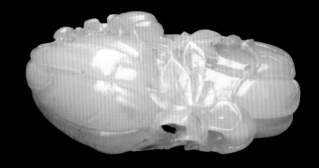

△ 瓜果与虫子

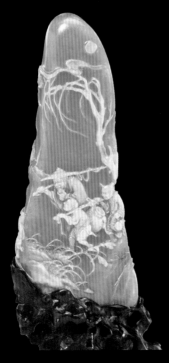

△ 田黄石　渔归乐

△ 荔枝冻石　双娇　林飞作

八
西门派的师承关系

"西门派"发源于福州西门外凤尾乡一带，雕品以印章和小品为主，专供收藏家、鉴赏家、书画家收藏、玩赏和使用。

"西门派"以刻制印章及文玩为主，有兽钮、薄意、线刻、平首、博古、浮雕等各种技法，石章钮雕依形就势，不留棱角，刀法浑圆，讲究手感。

薄意雕刻以清雅逸致、潇洒超脱著称。备受文人雅士推崇。

林文宝、林清卿、陈可铣是这一流派的主要代表人物。林文宝师从潘玉进，擅长钮雕，名重一时，有"钮工巨擘"称誉；林清卿熔雕、画于一炉，以刀代笔，开创薄意艺术新风；陈可铣制钮师古而不泥古，因材施艺，卓然成家。还有一些艺人在总督后（今省府路）等处设肆经营，前店后坊，自产自销，招引各地藏家。

西门派作品中深蕴高尚、雅致的书香味。且有部分艺人通晓书画，兼攻金石，与社会名流多有交往，无形中提高了本派石雕的品位，成为当时上流社会应酬的最佳礼物。

自清以来，福州闽浙总督衙门前的一条街——总督后街，便成了专卖"西门派"石雕及其他古董工艺品的礼品街。

"西门派"的创始人潘玉茂，是清同治、光绪年间福州侯官人。他继承周尚均遗风，以擅刻印钮、博古而名重艺坛。他刀法多变，与"东门派"的单纯刀法风格迥异。

潘玉茂传其弟潘玉进、潘玉泉。潘玉进又传弟子陈可应、林文宝、陈可观等人。他们都得到其师的一技之长。如林文宝，擅长深雕带镂之技，雕刻印钮和博古。其图饰多仿古铜器图案，线条间距密集，有"斜尖不入"之誉，为印钮雕刻一绝。他仿制的尚均博古钮，可达到以假乱真的地步。如今民间收藏的尚均博古钮多出自林文宝之手。

△ 寿山石印（四方）

继林文宝之后西门派陈可铣刻的印钮，多以古兽和动物为题材，雕成的兽钮多"穿钱"或"穿环"，有三环、五环，多时达到九环，也是雕钮一绝。

最为名重寿山石雕坛的是"西门派"的薄意雕刻艺术，其名声与风格一直流传影响至今。此应归功于"西门派"薄意大师林清卿的刻意追求和登峰造极的成就。

林清卿，清末民初福州西郊观前人，自幼聪慧好学，对诗书画尤感兴趣。起初受艺于陈可应门下，学薄意雕刻颇有成就。他不因此满足，认为当时的薄意作品"不拘画理，不究章法"，应从国画中吸收养分，开辟薄意新境界。他毅然放下雕刀，出门拜师学画，尤其学花鸟双钩和工笔，还致力于古代画像砖的研究。数年之后，画艺遂成，又回头来作薄意雕刻。

林清卿此时的作品，融雕刻与绘画于灵石，一方薄意，就是一幅立体的画，既有笔墨韵味，又有金石雅趣。他还做到得心应手，意到艺成。林清卿开创了新的薄意艺术境界，使他自然而然地登上了"西门派"薄意艺术大师的宝座。当代人都称他为"西门清"。

"西门清"的巨大贡献，不仅在于以画入石，创立新薄意，更重要的使整个薄意艺术出现了崭新的局面。

△ 冰糖地荔枝麒麟钮方章

2.6厘米×2.7厘米×9.2厘米

△ 俏色汶洋瑞兽钮扁方章

3.6厘米×3厘米×6.5厘米

首先是扩大了薄意的题材，反映的内容丰富多彩。

凡传统人物、宜人山水、四时花卉、各种鸟虫等莫无不及。古典文学中的生动情节、喜闻乐见的民间传说、精彩的戏曲片段、幽思深邃的诗话词话等，都成了薄意创作的题材。

其次是章法改变，刀法含情。

"西门清"相石善审曲度势，用刀如下笔传神。作品繁简有致，洗练纯熟，而且以薄胜厚，越薄越妙越神。他是"在杨玉璇、周尚均两家中别开生面者"。因此，林清卿对薄意艺术的卓越贡献是寿山石文化一个划时代的创举。

可惜，"西门清"一生不收门徒。"西门派"传人中私淑于林清卿者仅有可数的王炎铨、杨鼎进、王雷庭三人。他们在艺术上都颇有成就，使"西门清"的雕技艺术不致失传，且愈加发扬光大。

三人中，王炎铨寿短，34岁英年早逝。杨鼎进赴台，初仍从事寿山石雕，后改事别业。

王雷庭则成了唯一深谙林氏技法真谛者。他的独特长处在于因材施艺，巧掩瑕疵，刀法圆熟，层次分

△ 旗降石　曲水流觞　郭功森作

东晋"书圣"王羲之，遍邀名士在山阴兰亭聚会，群贤毕至，少长咸集，散坐于蜿蜒曲折的溪畔，置酒杯于溪水之上，任其飘流而下，杯子漂到谁面前，谁就要临溪饮酒赋诗，此即所谓"曲水流觞"也。作者据此取材，在一块旗降石上着力表现当年盛会之情景。作品人物众多，场面壮阔，层次分明，疏密有序，形神兼备，栩栩如生，情景交融，意境深远。

△ 高山石　开门大吉　陈敬祥、陈惠燕作

作品无论整体形态塑造，还是嘴、眼、爪、冠等细部的刻画，皆形神兼备，栩栩如生。层次分明，疏密有度，形态各异，取巧精妙。

明。他选择的一块重400克的田黄冻石刻《香山九老图》，在香港展出，轰动香江。他晚年尤精于薄意与浮雕相结合的刀法，创作现代新题材作品。其代表作《东方红组雕》和《红色闽西——长岭寨》薄意，由福建省博物馆收藏。

自20世纪50年代后，两派有识艺人捐弃旧时传承的门户之见，有逐步走向"东西合流"的趋势，派别之界已趋淡薄。

◁ **寿山水洞高山石　踏雪寻梅摆件**
高7.8厘米

九
新中国成立初期寿山石雕

20世纪后半叶，是福州寿山石文化史上的黄金时期。

新中国成立后百业俱兴，促进了寿山石业的复兴和繁荣。一批院校出身的美术人员的加盟，推动了石雕技艺的突破。寿山石文化的国内外交流，也因开放政策的实行而空前活跃。从80年代起，在世界的许多国家和地区出现了持续十余年而至今不衰的"寿山石热"。

20世纪上半叶，由于国内战争频繁，三四十年代又因日本侵略者的入侵，经济凋敝，交通阻塞，百业俱废，民不聊生，福州传统的寿山石工艺也濒临人散技绝的境地。原先十分兴旺的城内总督后古董街店铺相继倒闭，许多石雕艺人被迫改行另谋生路。连"西门派"著名艺人王炎铨、王雷庭也都改行上街刻印，靠微薄的收入糊口。

1941年和1944年福州两次沦陷期间，雕刻艺人的生活更加悲惨，饿死在街头的事时有发生。

1949年10月1日，新中国诞生，百业开始复苏，民生渐趋安定，为寿山石雕的复兴创造了客观条件。寿山石艺人纷纷复业，重操雕刀，创作艺术品。

偏远的寿山村石农也恢复采石，挖老洞，觅新矿，使处于绝境的寿山石雕行业有了转机。

20世纪50年代初，东门、西门两派艺人捐弃旧时传承的门户之见，打破个体分散生产的旧模式，走上互助合作的道路。"东门派"的16个艺人（人称十六罗汉）率先成立了石刻生产小组。"西门派"的三十余人，随之成立了图章供销组。后来，"东西合流"，成立了合作社，更进而发展为拥有数百人的工艺石雕厂。

这一时期，一些石雕艺人被选送到中央和外省的美术院校深造。现代美术理论和西洋雕塑艺术，对寿山石雕行业产生了深刻的影响，促进了技艺上的突破性进展。寿山石雕的名声也从国内扩展到东南亚国家和地区，以至世界各国，石雕艺术品出现供不应求的局面，并使世人改变了传统观念，认为寿山石雕不是一般的传统工艺品，而是中国文化艺术的一种象征，国际市场上的寿山石雕作品价值倍增。

从20世纪50年代以来，各个流派的雕刻技艺互相融会贯通，使寿山石雕这一祖国优秀的传统艺术，得到了空前的创新与发展。此时，寿山石雕的人物类雕刻取得了长足的进步，在创作的品种与表现技法上，不单有单独的人物圆雕作品，还有采用薄意、浮雕、高浮雕等技法来表现人物与山水相结合的作品。

艺人们从以制作印钮为主，发展为雕刻各种圆雕人物、花果、动物、山水等艺术品，并创出了浮雕、镂空雕等多种新的雕刻技法。

寿山石雕的不断发展，推动了寿山石矿开采规模的扩大，加之寿山石的采掘技术及机械化程度也不断提高，采出的彩石块度也不断增大。长年不见的材大、色丰的石料被陆续开采了出来。如高山新洞挖掘出来的寿山石，质地温润，色彩多五颜六色，且大者重达两三百千克，为设计雕制大型山水、花果和人物、动物群雕提供了良好的物质条件。

1955年，冯久和师傅就用一块近五十千克、黑白相间的高山石首刻大型石雕《群猪》，色泽酷似真猪，形态栩栩如生。

一群母子猪，在大师的刀下刻出了情感。母猪漫步回窝，张口嗷嗷叫，一群小猪蜂拥而至，吃奶的吃奶，吃不到的有的相互咬耳朵，有的被打得四肢朝天。多么调皮，多么活泼！

△ 水洞桃花狮钮章　近代　陈巨来刻
2.7厘米×2.7厘米×6.4厘米

△ 双色芙蓉古兽长方章
3.5厘米×3.5厘米×13.9厘米

△ 寿山章　现代　齐白石刻
2.5厘米×2.5厘米×6.7厘米

△ 桃花芙蓉印钮

3.9厘米×2.4厘米×6.8厘米

1956年，陈敬祥用一块五十多千克的巧色高山石雕刻《求偶鸡》。他匠心独运，自行设计各种特殊刀具，采用镂空技法雕刻鸡笼，刻一母鸡在鸡笼内扑翅欲出，笼外几只公鸡跃跃求欢，表现了笼内一只母鸡和笼外数只公鸡互相呼应的情景，意趣横生，妙不可言。

此作是寿山石雕史上第一次用镂空法创作的大型作品，有着划时代的意义，因而轰动石坛，仿效者众，极大地丰富了圆雕技艺。《求偶鸡》广获各界好评，一举成名。

这个时期，寿山石雕师当家作主人的心态极强，纷纷以创制佳作为己任。工艺美术者名艺人林寿煁发挥了自己擅刻花鸟的专长，先后雕制了《鹅燕薄意笔筒》《松鹤》《荷花盘》《文具》等作品，技法纯熟，意境高雅，荣获福建省和福州市的创作奖。《鹅燕薄意笔筒》和《文具》分别为莫斯科普希金造型艺术馆和福建省博物馆收藏。

1958年，工艺美术大师郭功森融圆雕、透雕、高浮雕、链雕技艺为一体，在一块旗降石上精心设计、雕镂了《九鲤连环卣》，链条环环相接，卣身上九条鲤鱼清灵剔透，鳞片形似钻石，水痕闪闪，水珠欲滴，是传统和创新相结合、多种技法同时应用的代表作。

由于老艺人们创作激情的迸发和创作思想的更新，又相继出现了《花果累累》《海底世界》《海味盘》等好作品，20世纪50年代的寿山石坛，面临的是一派欣欣向荣、花团锦簇的大好形势。

"文化大革命" 时期寿山石雕

20世纪从60年代中期到70年代末，中国大陆经历了"文化大革命"的非常时期。中国人民蒙受了沉重的政治灾难，文化艺术遭到了严重的摧残，寿山石雕艺人和石雕艺术也在劫难逃。寿山石雕传统题材作品，几乎全部被划入"封、资、修"范畴，民间喜闻乐见的雕品，也被列为"四旧"，统统在砸烂之列。

在暴风疾雨的"文化大革命"初期，一下子砸碎了众多石雕艺人一生心血结晶的数以千计的雕刻艺术作品，一些久负盛名的石雕艺人被加以"反动权威"和"牛鬼蛇神"等莫须有的罪名，关入"牛栏"，不时遭到批斗。

雕刻作品的生产和创作，必须按当时许可的政治模式进行。在这种特殊的历史条件下，出现了一些特殊的石雕作品就不足为奇了，如有特定象征意义的作品——高大的工、农、兵形象等。

到了"文化大革命"后期，还陆续增加了一些被肯定的革命历史题材，如二万五千里长征等。1975年，由郭功森、林寿煁、林发述、林元康、林廷良、施宝霖等六位艺人合作了《长征组雕》七大件。

他们曾到红军走过的长征路上体验生活，收集素材，历时两年多，完成雕制任务。作品由中国人民革命军事博物馆收藏，这也是寿山石雕史上的一件大事。

"文化大革命"时期流行的"样板戏"内容，也被作为寿山石雕的题材。戏中的李玉和、李铁梅、沙奶奶、阿庆嫂、杨子荣等人物形象，一经创制成石雕样品，便予以批量生产。一些雕刻艺人从长期雕制传统人物，突然转向雕制现代人物，技艺上有一定困难，也只好硬着头皮去做，因此内心总是如履薄冰般担惊受怕，深恐飞祸临头。

然而也出现了一些唯有这个时期才有，而其他时期所无的优秀革命人物作品。如工艺美术大师林发述擅于雕刻仙佛、罗汉、老翁之类的作品，而他在1975年却成功地创作一尊"女民兵"雕像，充分体现了"飒爽英姿五尺枪""不爱红装爱武装"的豪情壮志。

那颇为准确的人体比例和现代服饰衣褶的妥切处理，都说明老艺人经过"逼上梁山"之后，也学得了一手刻画现代人物的技巧。

青年艺人阮章霖雕刻的《知识青年在农村》，刻画了三个女知青在田头小憩的情景，人物面部尚未脱古换今，动作也略显牵强，人体比例也不尽准确。这类作品出现于当时是完全可以理解的，成为一件有较高艺术价值的特殊环境下出现的历史作品，尤其是因为它"前无古人，后无来者"而益加珍贵。

1978年，为了纪念中国工农红军入闽与古田会议50周年，由郭功森、刘爱珠等七人，运用圆雕、浮雕、透雕等综合技法，在七块大的高山石上创作了《红色闽西组雕》。雕师们集体设计、精心雕琢，历时经年，创作了此组雄伟秀丽的革命圣地作品，被喻为立体的山水画。这是"文化大革命"结束后一组特殊形式的突破性石雕作品，后为福建省博物馆收藏。

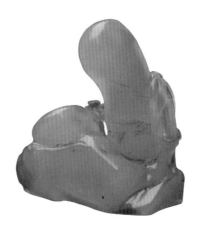

△ 竹子

十一
新时期寿山石雕

　　1976年10月，"四人帮"被打倒，"文化大革命"结束。中国人民获得了第二次新生，国家的经济、文化从危机的边缘走上复兴之路，寿山石雕艺术也得以振兴。

　　这一时期的中坚艺人，主要是20世纪60年代后陆续从美术院校毕业的学生，此时正是他们充分发挥现代美术理论和绘画、雕塑的坚实基本功作用的时候。他们的作品题材新颖、格调清新，充满着时代精神，对传统的石雕艺术有极大的突破。在长期以来以具象为主的寿山石雕艺术殿堂中，逐渐出现了一种充满感情的、有理想观念的新石雕艺术。这种新兴的现代石雕艺术，生气勃勃，有着极强的生命力。

　　珍藏于福州雕刻艺术馆中的银包金田黄冻《情满西厢》，是西门派传人江依霖创作的珍品。他利用这颗重达一百五十多克稀世宝石的通灵的白色石皮，以浑朴清灵的刀法，刻画了古典名著《红楼梦》中宝、黛评读《西厢记》的情节。作品层次分明，形象生动自如。加之石里为罕见的黄金田黄冻，因而表里互为衬托，可称当今田黄之珍品。

　　白色皮的银裹金田黄石，实属少见，而大部分田黄石的表面石皮多为杏黄色或灰黑色。1992年，寿山村挖掘出一颗重达688克的大田黄，该石由名扬海内外的薄意雕名艺人林文举设计雕刻。其利用黄色的石皮，描述了大学士苏东坡与其四位学生黄庭坚、秦观、张耒与晁补之聚会，吟诗、作文的生动场面。

　　作者融书、画为一体，构思潇洒，错落有致，人物神态惟妙惟肖。这件世间罕见、材巨质佳，并经名家施艺的作品，也可谓工料双绝的珍品。

　　在寿山石雕中以薄意或浮雕技法，生动表现了不同题材内容，特别是具有对比色彩的寿山石，以薄意或浮雕的技法来处理，往往都能达到独特新颖、层次分明的艺术效果。

　　《四君子》作品，是东门派传人名艺人林荣基的一件佳作。他承其父著名艺人林寿煁灵俐清秀的刀法，以细润的鹿目格石为材，取之黄色石皮，用浮雕技法雕刻的四种花卉，其布局严谨，立体感强，刻工细致入微。

　　经过历代艺人的不断总结变化，寿山石章的印钮雕刻艺术更加丰富多彩，其技巧也不断逾越新的高峰。九螭虎穿环章是印钮雕刻名匠王炎铨的作品，他在两方各大不盈寸的善伯洞石印章顶上，利用俏色共刻出九只穿环的螭虎，其九只活环，只要稍加晃动，似乎还能听到铿锵的碰击之声，真可谓鬼斧神工。

　　在高山石中，从石质上来比较，应首推荔枝洞高山石。它因洞口长有一棵野荔枝古树而得名。荔枝洞高山石质微坚、性通灵而透澈，含有萝卜丝纹。有白、黄、红、黑等色。采用荔枝洞高山石雕刻的古典人物《东方朔偷桃》，运用一通透结晶的荔枝洞高山石，精心刻画了东方朔惊喜交加，扛着从瑶池偷得的蟠桃枝遁逃的情景，神态十分活跃自然，造型优美，刻工细腻，富有情趣。

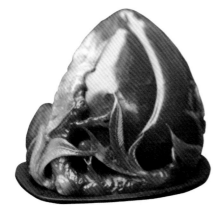

△ 寿桃

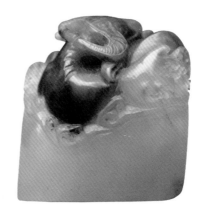

△ 牛印钮

△ 金砂善伯石　关公刮毒　叶星光作

△ 善伯石　笑口常开　林飞作

△ 白芙蓉辟邪钮章　近代　王福厂刻

3.4厘米×3.4厘米×7.6厘米

△ 红花芙蓉螭龙钮章　近代　赵叔孺刻

4.6厘米×2.2厘米×7.3厘米

　　林飞、林东两兄弟是当今年轻工艺师中的佼佼者，《王羲之爱鹅》是作者林飞采用芙蓉石雕刻的。

　　芙蓉石产于寿山东南面的加良山，其石质温润凝腻，有白、黄、红、五彩芙蓉等色。一般石内含有灰、黄或白色砂块。芙蓉石与田黄石、昌化的鸡血石一起被誉为"印石之宝"。

　　工艺师林东刻的《负荆请罪》，表现的是脍炙人口的廉颇与蔺相如的故事。廉颇的真诚谢罪与蔺相如的宽宏大度，被作者刻画得淋漓尽致。作品是采用都成坑石雕刻的。

　　都成坑石，质坚而通灵。该石种矿层薄，周围砂岩坚硬，故若与其他山坑石相比，其质更显晶莹。经磨光后的都成坑石愈加光艳照人，其色泽有红、黄、白等色。

　　林氏兄弟的作品，寓故事于作品之中，使观赏者在欣赏之中又备受启迪，因而他们的作品深得海内外人士的赏识。

　　工艺师郭发柽以焓红石雕成的作品《悠闲自得》，作者取表露出的红色部分，刻一无忧无虑酣睡的罗汉形象。从作品上右罗汉袈裟的破洞，就可看出焓红石外白内红的特点。

　　在当今寿山石雕行业中，人物类雕刻的高手人才济济。林发述的罗汉饱蕴画意；林碧英的乐女融以诗情；邱瑞坤的猫栩栩如生；林元康、阮章霖的弥勒、寿星古意盎然；王祖光的观音古朴端庄；马光正、林金祥的渔公、老翁神采各异；林友舜的铁拐神韵独具；陈文斌的芸芸众生技法不拘传统；叶子贤的个个仙家风格木石（雕）交融；而名师郭石卿，又融各家之长，结合书画于石艺之中，以简练之刀法来表现人物神态，作品小巧玲珑，形神兼备。

　　寿山石雕的动物雕刻，是在石章钮头雕刻的基础上发展起来的。这些神兽走下图章的台面，就成了寿山石雕的圆雕古神兽。当代寿山石雕古兽的鼻祖，应首推几年前谢世的中国工艺美术大师周宝庭。

　　周老一直悉心钻研石雕前辈郑仁蛟的一百零八种古兽纹样，领会其真谛，创作出了自己的风格。1985年他的《二十八古兽印钮章》荣获第五届中国工艺美术百花奖的珍品金杯奖。

　　艺人陈敬祥，专攻各种动物雕刻，尤其擅长刻鸡。1956年他首创镂空雕技法，刻《求偶鸡》一举成名。又经三十多年，陈敬祥与小女儿陈惠燕，对鸡的研究更臻完善，观其刻的鸡的冠、嘴、眼、爪、毛，以及整个形态，无不达到栩栩如生之效果。

　　具有数十年创作实践的艺人，往往都是多才多艺的。冯久和也是一位卓越的艺术大师。他对花果的雕刻技艺精湛，而他对家畜群猪的艺术表现，也是其他人所不可比拟的。

　　行家认为，寿山石雕现代艺术，主要有两个特点。

　　第一，艺术家将现代美术的写实求真、重视意境的深远、感情的深邃等原则，运用于雕刻，表现手法多采"工笔"，少用"写意"，追求人物主体面部表情的刻画和物像主体的质感表现，以及人体比例雕刻的准确，甚至连人物的手脚、骨骼、血管、筋络都淋漓尽致地刻画出来，达到了突出主题，给人以直接强烈的心理震撼。

　　第二，现代美术追求朦胧感和抽象美的倾向，也影响寿山石雕艺术的创作思维。寿山石的形态、色相、质地都是天然的，在石雕艺术创作中十分强调"存天地之形""原宇宙之美"的"原汁原味"。这与现代美学的抽象美是一致的。

　　青年雕刻家林飞创作的《开天辟地》《米芾拜石》和女雕刻家刘爱珠创作的《有渔乐》《岁寒赏梅》，都是作者对石材自然美的尊重与酷爱的珍贵之作。

△ 猴子和桃子

十二
把握寿山石雕的时代特征

综上所述，收藏鉴赏寿山石雕艺术，要把握其和其他艺术一样都有其时代特征，并与各时期的政治、经济、文化、生产力水平、社会的发展以及石雕艺人的艺术水平和创作思维有着内在的联系。

△ 山水人物

△ 芙蓉石　雕件　王孝前作

出土的南宋时期寿山石猪、石俑等，形态古朴、线条简略、雕工粗陋，正是最早寿山石文化的开始；元、明时期，寿山石就以独特的石钮装饰雕刻艺术作为印章而面世，为寿山石的发展又推进了一步。

清代寿山石发展进入昌盛时期，雕艺更加成熟，雕刻艺人因材施艺的水平普遍比前代提高了，能按寿山石材的形态、色质的不同，分别雕刻印章、人物、动物、文具、器皿等。如乾隆帝印玺"田黄三链章"就是此时期的雕刻杰作。

清末石雕艺人林元水、林清卿、林友清等一批老艺人都以其独特的雕刻艺术，为寿山石雕艺术的发展做出了杰出的贡献。

20世纪50年代寿山石坛呈现出欣欣向荣、花团锦簇的大好形势，涌现出一大批艺术大师和杰作，如周宝庭的《古兽》印钮、林寿湛的《松鹤》、郭功森的《九鲤连环卣》、冯久和的《群猪》、陈敬祥的《求偶鸡》等都是这一时期的代表。

20世纪60年代是我国历史发展的特殊时期——"文化大革命"，这一时期出现了特定作品，如高大的工农兵形象以及大型的《长征组雕》等，都是这一时期有较高艺术价值的特殊环境下出现的历史性作品，对于收藏者而言，也十分珍贵。

随着国家经济的发展，寿山石雕艺术也得以振兴。20世纪80年代，一大批从美术院校毕业的学生，为寿山石艺术的发展注入了新的血液和活力。他们的作品题材新颖、格调清新、时代感强，对传统石雕艺术有较大的突破和发展，成为寿山石雕的骨干力量。

20世纪90年代经济繁荣、国富民强，寿山石文化发展达到空前，石雕艺人团结一心，从不同角度，以不同的艺术形式展示了寿山石文化的宽阔领域和丰富内涵，讴歌了祖国大好河山和社会主义建设的新成就，佳作迭出。

顺着上述线索进行收藏投资，就可以做到心中有数，胸有成竹。

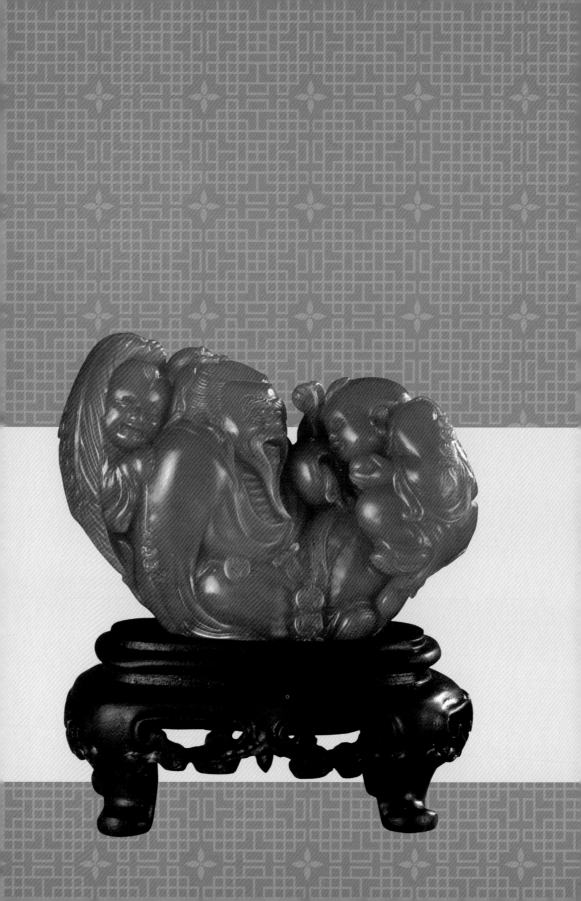

第二章

寿山石的种类

一
按矿石走势分三大系

　　根据矿山的走势，可分为三大系：高山系、旗山系、月洋系。具体主要品种如下。

1 | 高山系之田坑石类

　　如田黄 、白田、红田、灰田、黑田、花田、硬田、溪管田、搁溜田等。

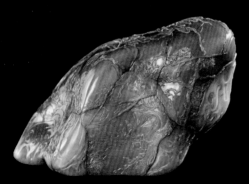
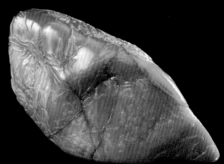

△ **题大观园摆件　寿山田黄石薄意**

高7.5厘米

△ 寿山田黄石章

5.1厘米×2.2厘米×2.2厘米

△ 寿山田黄石　苏武牧羊摆件

高9.8厘米

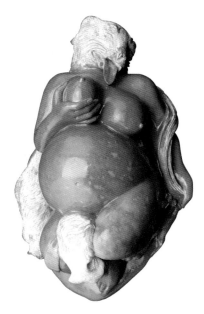

△ 寿山石雕作品　邱瑞坤作

2 | 高山系之水坑石类

　　如水晶冻 、 牛角冻 、 鱼脑冻 、 黄冻 、 鳝鱼冻 、 天蓝冻 、 环冻 、 坑头冻 、 掘性坑头 、 冻油石等。

△ **寿山石雕作品　邱瑞坤作**

△ 田黄冻石福　在眼前

7厘米×4.5厘米×2厘米

△ 寿山水坑石　一品清莲章

8厘米×4.2厘米×2.4厘米

△ 寿山坑头黄水晶冻石　摆件

高6厘米

△ **田黄冻石　祝寿**
5厘米×7.5厘米×2.3厘米

△ **田黄冻石　得利摆件**

6.8厘米×6厘米×3厘米

3 | 高山系之山坑石类

从高山（峰名）再向东、向北，在一个不等边四边形的群山中，盛产着高山系各矿石，包括旧时所谓"田坑、水坑、山坑"石都出自这里。

山坑类包括各色高山、各种高山冻、和尚洞、大洞、玛瑙洞、油白洞、大键洞、世元洞、水洞、新洞、荔枝洞、嫩嫩洞、四股四、太极头、鸡母窝、小高山、白水黄、鲎箕田石、各类杜陵石、掘性杜陵、马背、善伯洞、鹿目格、尼姑楼、迷翠寮、蛇瓠、碓下黄、月尾石、艾叶绿、栲栳山、铁头岭、花坑石、虎岗石、各色高山、红高山、白高山、黄高山、虾青背、巧色高山、各种高山冻、高山冻、高山环冻、高山晶、掘性高山、高山桃花冻、高山牛角冻、高山鱼脑冻、高山鱼鳞冻、和尚洞高山、大洞高山等。

其中荔枝洞高山石，是山坑石的极品，但遗憾的是它的储量并不多。该矿石从1987年3月发现，到1989年就已告罄。前后两年多，总开采量不过数千斤而已。

这之后不久，在高山峰西面的半山腰又发现了新的矿点，由于那地方的地名叫鸡母窝，石农就把它取名为鸡母窝高山石。该矿所出的石，零星夹在岩石中，材质小，大多数为零星小块，最大块的也不过二十多斤，其质地虽稍逊于荔枝洞石，但也各色俱全，不失为当今最佳的石种。

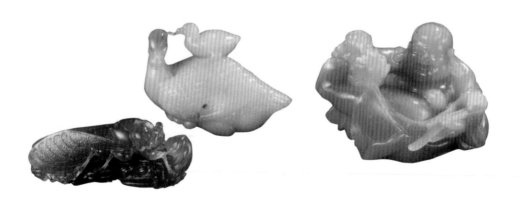

△ **寿山芙蓉/牛角冻石摆件（三件）**

△ 牛角冻三联章石

△ 寿山荔枝洞石薄意章（一对）

高7厘米/7.5厘米

△ 寿山荔枝洞石章（一对）

高8.5厘米/8.3厘米

△ **寿山荔枝洞石　摆件**

高11.8厘米

4 | 月洋系各石

　　月洋矿区位于寿山村东南8000米处的加良山。加良山是月洋系唯一的寿山石产地。包括各色芙蓉、将军洞芙蓉、上洞芙蓉、半山石、竹头窝、绿箬通、溪蛋、峨嵋石等。

△ 芙蓉石　雕件　郭祥忍作

△ 芙蓉石　夕阳情

△ 芙蓉石　春色满园关不住

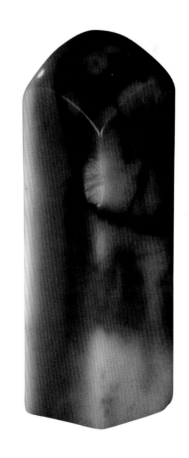

△ 芙蓉素章料

3.3厘米×3.1厘米×10.8厘米

　　章料为老性三彩芙蓉石，章材硕大，质地纯净油腻欲滴，呈红黄白三色，明艳动人。

△ **芙蓉石　乔木逍遥图　郑世斌作**

　　作品集薄意与浮雕技法为一体，巧取芙蓉石黑色皮刻成古树、小桥、亭台、车马和行人，极具乡情、民风、古韵。作品构图精巧，布局合理，黑白分明，意境深远，古意盎然，高雅脱俗。

△ **善伯洞石　惠安女**

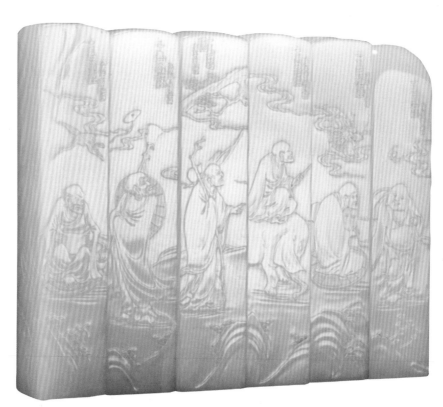

△ **十八罗汉荔枝洞印章（六方）　林荣发刻**

△ 寿山汶洋石　春江水暖薄意章

8.5厘米×3厘米×2.5厘米

5 ｜ 旗山系各石

旗山系是寿山石三大系中分布范围最广的矿区。它位于高山北面，东面延伸到6000米外与连江县交界的金山顶，西面达到离高山3000米的旗山老岭，北面延展至5000米外的柳坪、九茶岩、旗降、黄巢山带。

如各色旗降、焓红、老岭石、汶洋石、大山石、豆叶青、圭背石、九茶岩、猴柴、连江黄、山仔濑、吊笕、柳坪石、鸡角岭、金狮峰、房栊岩、鬼洞、牛蛋黄、寺坪石、二号矿冻石、山秀园石、松坪岭石、煨乌等。

其中焓红石与旗降石是近年大量开采的石种。旗降石质细润而坚，经磨光后光泽度非常好。因质坚，故不需像高山石那样，要用油来养护。其色泽分明，有白、黄、红、紫等色。

△ 寿山汶洋石　母子螭虎钮章

7.4厘米×5.3厘米×3.5厘米

△ 寿山汶洋石章

高10.5厘米

△ 汶洋石　雕刻印章

3.3厘米×3.3厘米×6.5厘米

△ 鳌龙戏珠章　寿山汶洋石

9.8厘米×4厘米×1.8厘米

△ 汶洋石　节节高升

△ 寿山汶洋石　螭穿拱璧钮章

7.5厘米×4.2厘米×2.3厘米

◁ **汶洋石古　兽钮章**
3.7厘米×3.7厘米×12厘米

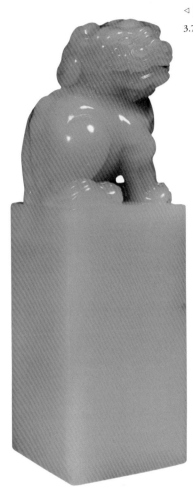

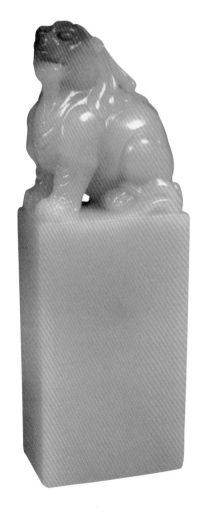

▷ **汶洋石　印钮**
3.7厘米×2.3厘米×11.3厘米

△ **鱼脑冻薄意海棠随形章　清代**
高5.2厘米

二
寿山石的著名品种

　　焓红石的色泽也如旗降石，但其石质较粗硬。它与旗降石属同一矿系，有"焓红旗降边"之说。而焓红石又有它有趣的特点，它的红、黄色往往包在白色之中。但红、黄色泽难有表里同色，中间含有同类色的斑点。

　　根据矿石的品类，又可分为田石、水坑石、山坑石、旗山石、月洋石五大类。

　　按传统习惯，寿山石的总目一般分为田坑、水坑和山坑三大类。各大类中又分为许多小类。

　　每一类寿山石石种中，又可细分为许多不同的种类。寿山石有一百多种石品，按矿洞或色彩而命名。矿洞又分为田坑、水坑、山坑三大类。其中，田坑石的主要石品如下。

1 | 田黄石

在田黄石中，凡黄色的石均称"田黄"。

田黄石表皮多为微透明的黄色层，肌理则有黄金黄、橘皮黄、枇杷黄、桂花黄、熟栗黄、肥皂黄、糖粿黄、桐油地等数种。其中以"黄金黄""橘皮黄"最稀罕，"枇杷黄""桂花黄"次之。

田黄石中，以"日黄冻"最名贵，体质透明，通灵无比，如新鲜蛋黄，价值连城。另有一种外裹白色层，内纯黄色，民间称"银裹金"，亦很贵重。

△ 田黄石　红杏枝头春意浓　林文举作　　　△ 田黄石　渔樵耕读

△ 田黄石　摆件　清代

6.5厘米×4厘米

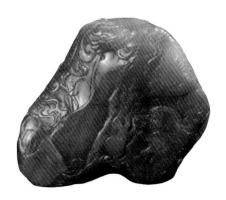

△ 寿山田黄石　五龙戏珠摆件

高5.2厘米

△ 踏雪寻梅田黄薄意章料　清末至民国　佚名刻

高3.7厘米

△ 田黄薄意随形章　郑世斌刻

2.5厘米×4厘米

2 | 白田石

田坑石中色白者，名"白田"，多产自上、中坂。

白田石色非纯白，多略呈淡黄或蛋青色，似羊脂玉，萝卜纹明显，有红筋，格纹如血缕。以质灵、纹细、格少者为最佳。

《观石录》称这种石"洁则梁园之雪，雁荡之云，温则飞燕之肤，玉环之体，入手使人心荡"。

有一种外裹黄色层，内为白色的田石，民间称"金裹银"。

△ **白田黄石　摆件　清代**

7厘米×4厘米×2厘米

3 | 红田石

红色田石名"红田"，有"正红"和"煨红"两种。

正红，色如橘皮，鲜艳通明，又称"橘皮红田"，极为罕见。

煨红，因烧草积肥等人为原因，使土层受热，而埋藏田中的田黄石受高温影响，表皮二氧化铁引起化学变化，形成红色层，纹理则依然保持原有黄色。

红田石石品不够温嫩，所以不为人们所珍视。

4 | 水晶冻

水坑石中，凡石质透明莹澈如水晶，称为"水晶冻"，又名"晶玉"。

常见有白、黄、红三种颜色。

白色者，往往于纯洁中有粒点夹杂其间，俗称"虱卵"，名"白水晶"。

黄色者，明如杏黄，间有红筋，名"黄水晶"。

红色者，艳如红烛，名"红水晶"。

△ **寿山坑头水晶石　螭虎穿环钮　对章（一对）**

5厘米×2.4厘米×2.4厘米

△ 寿山坑头黄水晶冻石　螭虎戏金泉钮章

9.5厘米×3.1厘米×2.6厘米

5 | 鱼脑冻

状如煮熟的鱼脑，或透明中含棉花丝，特别凝腻脂润者，称"鱼脑冻"，是水坑冻石中最名贵的品种。

6 | 黄冻

凡"黄水晶"中，色如初剥之枇杷，纯洁无瑕而凝腻者，称"黄冻"。

7 | 鳝草冻

鳝草冻又名"仙草冻"。一名"仙草冻"。

因灰色中带有微黄，隐细色点，类似鳝鱼之背脊，故名。

另一种，色灰白，呈半透明体，肌理隐粗纹，状如草叶，亦称"鳝草冻"。

8 | 牛角冻

牛角冻色黑带赭，质通明富有光泽，浓者如牛角，淡者似犀角，有时肌理有萝卜纹。

9 | 天蓝冻

天蓝冻又名"蔚蓝天"，又叫"青天散彩"。色蔚蓝，越淡越佳，质明净，如雨后晴空。纹理为色点及棉花纹，如朵朵云霞。

10 | 桃花冻

桃花冻又名"桃花水"。在白色透明的石质中，含鲜红色细点，或密或疏，浓淡掩映，光彩夺目，其状如片片桃花瓣，浮沉于清水中，娇艳无比。

△ 水洞桃花冻石章

2.5厘米×2.4厘米×7.6厘米

△ **方形兽钮 水洞桃花冻**
3厘米×3厘米×7厘米

11 | 玛瑙冻

玛瑙冻分红、黄两色，半透明如玛瑙，光彩烂漫。纯红者，称"玛瑙红"；纯黄者，名"玛瑙黄"，亦有两色相间或杂灰色块的。

透过寿山石的分类，可见每一种印石都有很多种类，它们的名称大多很美丽，或以颜色质地命名，或以产地地理命名。

△ 高山五彩玛瑙冻　太狮少狮钮方章

7厘米×7厘米×15.8厘米

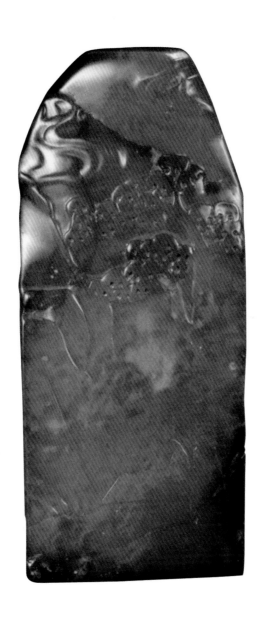

△ 松山高士图章　寿山坑头石

高7.8厘米

三
山坑石大家族

　　山坑石分布于寿山、月洋两个山村，石质因脉系及产地不同，各具特色，所以山坑石的名目特别丰富。

山坑石种类表

石名	产地	外观特征
高山石	高山峰各矿洞	质细而松、色泽瑰丽多彩
红高山	高山石中	纯红色
白高山	高山石中	纯白色
黄高山	高山石中	纯黄色
巧色高山	高山石中	含二色以上色泽

续表

石名	产地	外观特征
大洞高山	高山大洞	质坚，有白、黄等色
玛瑙洞高山	高山玛瑙洞	色红或黄，微透明，似玛瑙
油白洞高山	高山油白洞	质涩，色白，似油脂
水洞高山	高山水洞	透明，含萝卜纹
四股四高山	高山四股四洞	质坚，微透明，似都成坑
荔枝洞高山	高山荔枝洞	质细通灵，含萝卜纹
高山冻	高山峰各矿洞	质特通灵
高山晶	高山峰各矿洞	纯白晶莹
掘性高山	高山峰砂土中	结腻通灵，外表泛淡黄色石皮
小高山	小高山啼嘛洞	质粗松，含裂纹、泪痕
太极头	高山太极头	质晶莹透澈，有红、黄、白、赭色
都成坑	都成坑山各矿洞	质坚通灵，光彩夺目，妩媚温柔
黄都成	都成坑石中	纯黄色
红都成	都成坑石中	纯红色
白都成	都成坑石中	白色略带浅灰
五彩都成	都成坑石中	多色交错
掘性都成	都成坑砂土中	质温润，含石皮、红筋及萝卜纹
鹿目格	都成坑山坳中	质细润，微透明，外裹色皮
善伯洞	都成坑临溪山中	晶莹脂润，半透明，含金砂地
月尾石	月尾山	质细嫩，微透明，富有光泽

石名	产地	外观特征
月尾紫	月尾石中	色浓紫
月尾绿	月尾石中	色翠而通明
艾叶绿	月尾山	质凝腻，色如老艾之叶
月尾冻	月尾山	质地温润凝腻
月尾晶	月尾山	质地晶莹，透明
连江黄	金山顶	质硬微脆，隐直纹，色纯黄
山仔濑	金山附近	质粗不透明，含砂砾
旗降石	旗降山	质坚细而温润，微透明而富有光泽
旗降黄	旗降石中	色纯黄
旗降红	旗降石中	色纯红
旗降白	旗降石中	色纯白
旗降紫	旗降石中	色浓紫或紫白相间
金裹银旗降	旗降山	旗降石中，黄皮白心
银裹金旗降	旗降石中	白皮黄心
掘性旗降	旗降山砂土中	质温嫩，泛色皮
焓红	旗降山	质粗硬，色多苍白或赭黄
大山石	柳岭旁	质似老岭石，但多裂纹
大山通	大山石中	质地通灵

续表

石名	产地	外观特征
三界黄	旗山一带	质粗不透明，多红、黄、白三色交杂
鸡母孵	旗山一带	质粗劣，不透明，多赭黄色
芙蓉石	加良山顶	质柔而细腻，微透明
白芙蓉	芙蓉石中	纯白色
黄芙蓉	芙蓉石中	纯黄色
红芙蓉	芙蓉石中	米红色
芙蓉青	芙蓉石中	淡青色
半山	加良山花羊洞	质细有裂纹，色多不纯
白半山	半山石中	色纯白
黄半山	半山石中	色黄
红半山	半山石中	色粉红
花半山	半山石中	地白色，含红色斑
半粗	加良山各矿洞	质粗色杂，多裂纹
绿若通	芙蓉洞附近	质微坚而通灵，色青翠
竹头窝	加良山竹蓝洞	质细而脂润，半透明，微带绿意
竹头粗	竹头窝石中	质不纯
峨嵋石	加良山一带	质坚细，多裂纹
溪蛋	月洋溪中	质稍坚，形如卵状，外泛黄色

第三章

寿山石的工艺

◁ 小憩　邱瑞坤作
高7.8厘米

一

"榕城三绝"寿山石雕

　　福州地区民间很早就流传着制作脱胎漆器、纸伞、角梳、寿山石雕等传统工艺技术，又称特艺。其中，脱胎漆器与寿山石雕、软木画称为"榕城三绝"，与角梳、纸伞称为"福州特艺三宝"。

　　寿山石质宜于精雕细刻。通常在一块石头上，有红、黑、黄、青等数种颜色，相互交错成自然斑纹。艺匠们根据石块的形状、色泽和纹理，进行构思和艺术加工，雕刻成人物、走兽、山水、花鸟、果蔬、海味等陈设欣赏品和印章、文具、烟缸、水盂等实用工艺品。

　　一件作品的成功，点点滴滴都必须靠艺人丰富的经验、巧妙的思维、高超的技艺、坚定的毅力才能完成。寿山石制作时先凿打出粗坯，剥出大体轮廓，然后用手凿深入刻划，最后经修光、磨光、上蜡而成。制作一件作品，少则费时几天，大的要几个月甚至几年。寿山石章及其钮饰艺术是寿山石雕艺术的一个重要组成部分。

一件杰出的作品更需要各种客观条件完美的配合，还只能是百里挑一。由于每一块原石都不一样，创作者始终都要面临着新的挑战。由此可见寿山石雕的创作比其他任何艺术都更加困难。

寿山石雕是用一块原石雕刻的，所有的色泽都是天然的，每一块原石不同，每一位艺人的构思与技艺也不同，因此所有的作品都具有独特性、唯一性，每一件精品都是独有的人间瑰宝。

一千多年来，由于历代名家巨匠的精心耕耘，收藏家与商贾的推崇、推广，文人雅士的吟咏与著书立说，形成了底蕴丰厚的寿山石文化，寿山石雕确立了不可动摇的历史地位，在近年"国石"评选中，一举夺魁。

当代艺人雕刻的"九宝连环章"仿古玺印，利用一块24千克重的寿山石分解成9颗石章，石章之间由8条只有黄豆般细小的活动石链连接成条。钮头分别雕刻螭虎、麒麟、古狮、蚊、龙等32头古兽。

福州寿山石雕除了各种类型圆雕及图章外，还与脱胎漆器、象牙雕刻相结合，制成各种屏风、围屏、挂联等，远销北美、西欧及东南亚各国，深受欢迎。

△ **古兽钮对章　寿山鸡母窝石**
8厘米×2厘米×2厘米

△ 杜陵石　富贵长寿　冯久和作

△ 鲤红旗降石　虎溪三啸　叶子贤作

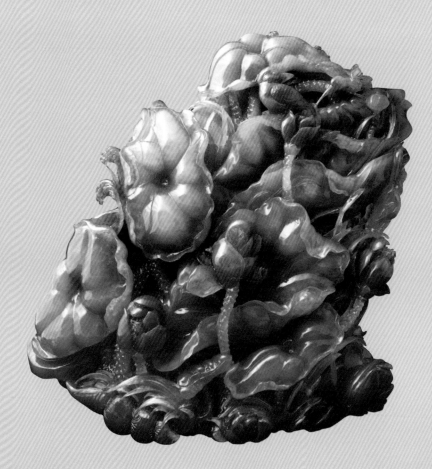

△ 荷趣　邱瑞坤作

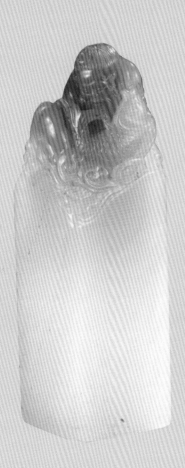

△ 寿山荔枝洞石　渔家乐章

高8.3厘米

△ 岁寒三友双色荔枝薄意章　林文举刻

2.7厘米×2.9厘米×10.7厘米

△ 摆件

7.8厘米×5.3厘米×3.8厘米

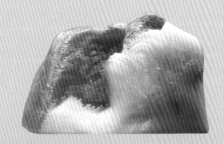

△ 旗降石　山水薄意　王雷霆作

福建工艺美术珍品馆藏。

◁ 都成坑石　学海无涯　郑世斌作

7.8厘米×5.3厘米×3.8厘米

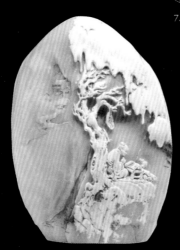

❦ 二
寿山石工艺流程

　　在寿山乡，可以看到寿山石雕的制作过程。从原始矿石到艺术品，寿山石至少要走五道工序，即相石、打坯、凿坯、修光、磨光，同时，还要采用各种雕刻技法。寿山石的雕刻工序和雕刻技法主要如下。

◁ 寿山芙蓉石　舐犊之情把件
高4.3厘米

△ 寿山石雕作品　邱瑞坤作

1 | "相石"设计

寿山石雕艺人在创作动刀之前，总要对着待雕刻的石料仔细揣摩一番，这就叫"相石"。

在动刀前，对石料仔细揣摩，根据每块石料的形状、石质、纹理、色泽，选择与之相适应的题材、造型和表现技法，掩蔽石料的疵病，使作品的内容、艺术形式同石料巧妙地结合起来，从而取得良好的艺术效果。

寿山石本身所具备的天然丽质、五彩的巧色，甚至于其特殊的纹理等构成其特有的材料属性。创作的前提是面对已有的天然色彩和石头本身的筋、裂痕等的原石形状物，创作的想象空间不能割舍对原石色彩走向、纹理特点的研究，然后结合所学，对石材进行艺术加工，使寿山石本身的天然色经过人的构思、雕刻而达到人石合一的艺术效果，如何做到巧到自然、巧到极致，这是历代艺人们所追求的一个境界。

而要达到这一境界，"相石"在创作过程中是极重要的一个步骤，通过"相石"揣摩推敲，往往能达到事半功倍的效果。

"相石"之后，接着打坯、凿坯，运用锉刀、手凿等雕刻工具，要由表及里、由粗入细地仔细雕琢刻划，让要表现的景物呈现出清晰的轮廓，最后再进行修光、磨光，让作品更为生动传神，光润明丽，充分展示寿山石天然美的特质。

2 | 打坯

运用雕刻工具，将原料的多余大块面切除，使其适合于作品题材的需要并在粗坯的基础上，继续雕琢景物的各部结构，达到表现作品的基本造型和内容。

3 | 凿坯

凿坯时先粗后细，由表及里，通过凿坯，使作品所表现的景物如人体的结构、衣饰，动物的毛发、肌肉，山峦的皴法，树木、花卉的枝叶、瓣蕊以及配景的细节等，都应该达到清晰精确。

4 | 修光

修光是雕刻的最后修饰过程，依靠不同的刀向和刀法，刻画出景物的气质和精神。

△ **寿山石雕作品　邱瑞坤作**

△ **寿山石雕作品　邱瑞坤作**

三
寿山石雕刻技法

1 | 浮雕

　　浮雕按景物刻画的厚度分为"高浮雕"和"浅浮雕"两种。浮雕的应用，可使作品表现的物象在结构上更有立体感。

　　对带有复杂石皮的寿山石，往往采用浮雕手法。

　　浮雕适合寿山石的厚皮及类似皮的表面层，是在石的表面层进行凹凸雕刻，来表现被压缩后的物象的一种表现技法，是"介于圆雕与绘画二者之间的艺术形式"。

△ **寿山石雕作品　邱瑞坤作**

△ **寿山芙蓉石童子摆件（三方）**

　　浮雕最好选择色层分明的薄形石料，利用外层石色雕刻景物，以里层石色作为衬底，形成天然的强烈的色调对比。通过绘画的透视关系，分布空间层次，结合绘画的明暗关系选择凹凸面，按需取舍，以突出立体效果。

　　根据雕刻层的厚与薄，分为高浮雕与浅浮雕。对于多层的"皮"可作多层浮雕。浮雕作品一般只适合正面欣赏，从正面到侧面的转折处，也得按透视原理适当压缩，使过渡平和。浮雕占有二维空间，层面越厚越趋向三维立体。

2 | 薄意

　　薄意是比浅浮雕更浅的一种寿山石雕法，因雕刻层薄，而且富有画意，所以称"薄意"。

　　薄意在中国雕刻史上颇有独到之处，业内也称"雕画"。传统的薄意构图采用中国画的经营方式，透视分高远、深远、平远，属平面艺术。对皮不同程度地剥离，能产生墨分七色的效果。利用特殊手法也能仿制出皴法。

　　薄意往往用来对付稀薄的皮。倘若没皮，也能用此法在石面上雕起一层"画皮"，有时还"作旧"，为了便于观赏。若拓成纸片，又显一番意境。

　　相传，清朝初年，周尚均在印台四周刻浅浮雕锦褥纹、环边不断纹或其他图案，开创薄意艺术的先河。以后有潘玉茂继承其遗法。直到清朝末年，西门林清卿专攻"薄意艺术"。林清卿的杰出成就，至今仍是横在后辈同业者面前的一座难以逾越的高峰。

3 | 镶嵌

　　镶嵌保留了高浮雕艺术风格，将刻成的浮雕石片直接粘贴于器物板面之上，形成一幅景物明显突起的画面。

4 | 镂空

　　镂空又名透雕，是介于圆雕与浮雕之间的雕刻法，它可分单面、双面、三面、四面、六面和里外多面镂空雕法，一般都在浮雕的基础上，放洞透空镂雕背景，衬托主题。

5 | 链条雕刻

　　链条雕刻是玉雕经常采用的一种技法，寿山石雕偶有应用，起始装于印钮，后也用于作品上。其制作难度大，需胆大心细，熟练掌握石性与技巧，才能获得成功。

△ **寿山芙蓉石　母子古兽钮章**
8.2厘米×3.9厘米×3.9厘米

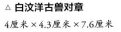
△ **白汶洋古兽对章**
4厘米×4.3厘米×7.6厘米

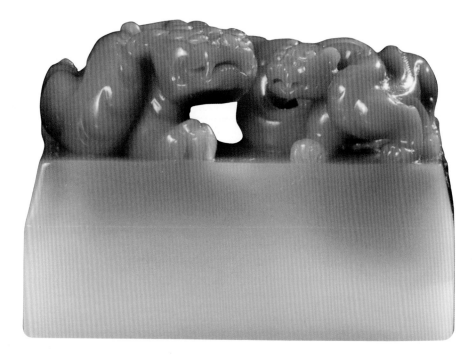

△ **寿山双色汶洋石　母子螭虎钮章**
6.5厘米×4.7厘米×4.7厘米

6 | 揩光上蜡

　　寿山石雕刻品在雕刻完成后，还需要经过精心磨光，才能充分显现出寿山石的特质和天然色泽，使作品外表光润明亮，磨光可用砂纸、木贼草、冬稻茎、竹签、桐油瓦灰砖等，磨光分粗磨、细磨和"揩光"三道过程。

　　粗质寿山石在磨光或罩色处理后，需要上一层薄蜡，以保持石质的稳定，上蜡所用的原料是以四川白蜡65%和东北软蜡35%掺和溶化而成的中性蜡块。

　　上蜡前，先将石雕加热至100℃～150℃，用毛刷蘸溶化了的蜡液薄涂外表，待均匀后缓缓降温冷却，再用软质麻布细心揩擦，直至焕发光泽，石雕经过上蜡，虽然色泽纹理得到充分表露，但石质经加温往往逊其温润，故名贵石料不宜上蜡。

△ **谦让有余　邱瑞坤作**

四
高浮雕工艺

此处重点谈谈高浮雕工艺。

高浮雕工艺技法是半圆雕与薄意相结合的综合性技法。一般以色层平整明显、色差大者为首选材料，所以是一种最能体现工艺效果的雕刻技法之一。

高浮雕作品虽然直观感觉良好，但在鉴赏与收藏时不应仅注重色彩夺目，而更应着眼于画面的艺术效果与作者的雕刻技术经验两个主要方面。

　　首先，在艺术效果方面高浮雕之基本章法与薄意大同小异，但其大件作品与小件作品可因材形不同而略有侧重。

　　其大件作品更注重近物主体的深度刻画与远景的虚幻延伸，以追求意境深远、气势宏伟。

　　而小件作品更适合取势构图饱满、外圆内细，给人以明快厚实之感，此法有外形适可盈握而主体内容鲜明简练之优点。

　　其次，是作者个人在雕刻技术上的经验发挥。

　　因为高浮雕技法是半圆雕技法与薄意技法相结合的产物，所以在题材选择、构图布局良好的基础上，作者若没有圆雕的雕刻经验，则作品近物可能缺乏立体感，降低了主体内容的表现力，而影响到主题思想的表达。

　　若缺乏薄意功底则远近过渡和远景虚实的处理必然欠佳，而有损于整体气势的营造。所以一件成功的高浮雕作品是作者自身内在艺术修养、绘画水平和雕刻基本功的综合体现。

△ **寿山石雕作品　邱瑞坤作**

△ **李红善伯　寿桃**

8.2厘米×5.2厘米×2.3厘米

　　另外，虽然高浮雕作品因多采用色层明显、色差大的石材为原料，在视觉上有其独特的优势，但在普通人眼中，也因此而极易产生审美上的误导与偏爱，从而忽略了更深层次的探讨与研究。

　　我们经常看到的有些高浮雕作品，它的近景、人物以及若干个人物间的安排成队列式的等距离分布，没有交叉重叠，没有疏密主次，更没有互相间的照应与交流，其画面毫无艺术魅力可言，充其量只是几尊石俑机械的列队摆放，俗不可耐，但偏偏有人喜欢它，甚至津津乐道大加赞赏，其症结就在于人们只视其色，不通其意与艺所致。

　　所以高浮雕作品的鉴赏不能一叶障目，沉迷于色彩艳丽的大反差效果中，而更应认真考究天成宝石是否融入了作者的智慧，因为只有融入了艺术家精神的作品才能不落俗套，才有其真正的艺术价值与收藏价值。

△ **白高山石钮章**

2.8厘米×4.2厘米×7厘米

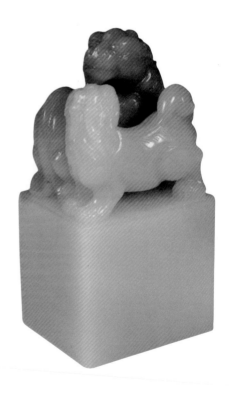

△ **双古兽印钮**

2.5厘米×3厘米×5.7厘米

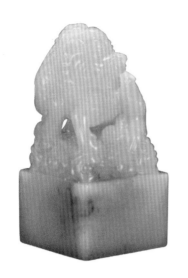

◁ **结晶体白芙蓉麒麟钮方章**
3.4厘米×3.4厘米×6.8厘米

五
印章钮饰工艺

印章，最早称"玺"，是一种凭证信物，它在我国已有两千多年的悠久历史，至今仍被普遍使用。

古代印章的质料，汉以前的古印，以铜铸为主，金、玉次之，间有牙、骨，以后渐而出现丰富的印章质料，主要有金属质、矿物质、陶瓷质、动物质、植物质，元、明之后，叶蜡石取代了各种质料印章。寿山石印章不但石质晶莹，美若宝石，硬度适中，易于奏刀，而且印在纸面的朱文，鲜艳夺目。

印章一般分为印钮（或称印顶）、印台、印边和印体（或称印身）四个部分。印章顶部的装饰叫"钮"，印钮与印体的连接部位叫"台"，印台下部印身四周的装饰，叫"边"，印体的四周叫"面"。

印钮即印鼻，寿山石的印钮表现题材，归纳起来有古兽、动物、翎毛、鱼虫、人物、花果和博古图案七种类型。

印章技法中往往采取薄意雕刻。薄意雕刻要求刀法流利，刻画细致，影影绰绰，具有远观形色、近看雕工的特殊艺术效果，最适用于质佳而材小的珍贵冻石的装饰，备受金石书画家欣赏与推崇，它是寿山石印章独特的表现技法之一。

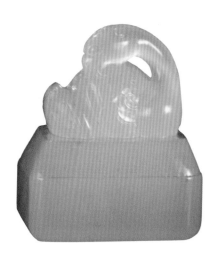

△ 坑头晶鹅钮印章

3.6厘米×4.3厘米×4.8厘米

△ 寿山荔枝洞石　母子古兽钮章

10.6厘米×5.7厘米×5.7厘米

△ 芙蓉、汶洋博古钮三联章

六
寿山石的磨光工艺

寿山石的质地、色泽只有经过打磨揩光之后才能够充分得以表露，它是寿山石雕艺人们在长期的艺术实践中，总结出来的一套成功经验，也是寿山石雕区别于其他同类石雕的重要标志。

从出土的历代寿山石雕实物看，自南朝至两宋的石俑，都没有经过打磨揩光。元、明的石雕始行磨光，但工艺还比较简单。清代以后寿山石雕进入帝王、官宦之门，成为文人墨客珍藏瑰宝，印章和文玩之类小巧雕品风靡一时，民间艺人开始讲究作品的磨光，力求使天生丽质的寿山石更加灿烂夺目，从而提高作品的品位与价值。

早在清康熙年间，高兆《观石录》中就介绍寿山石磨光术，说："石初剖，须琉球砺石磋之，既磋，磨以金闽官，磨竟，以水浸叶，纵横揩拭，无有遗痕。然后取麂平置几案，运石上，徐发其光。"

可见，当时磨光材料之考究和工序过程之烦琐。后来，由于行业的发展和产量的增加，金闽官、叶和麂等来源的困难，渐而改用木贼草、冬稻茎等替代。一些古董商和收藏家，更自制"桐油瓦灰砖"作为精磨工具。时时磨研，令石表格外光润明亮。

时下有些雕刻者，为求便捷往往不愿在作品的磨光上多费工夫，有的甚至认为磨光无技艺可言，只需交学徒用砂纸揩擦一番，既简单又省钱，反正涂上油质，效果都差不多。结果不用多久，油质干后石表刀痕毕露，宝石风采不再，令藏家大失所望。殊不知磨光在寿山石雕中是不可或缺的重要工序，不可等闲视之。

老一辈寿山石雕名师都十分重视雕作的磨光，如以薄意称著的林清卿，每完成一件作品，都要指定磨光师傅，用雕刻所花的双倍工时进行精细揩磨，以保证艺术质量。

在当代的磨光高手中，已届古稀之年的许连铿数十年来一丝不苟，专攻磨光技艺，练得一手绝技，曾荣获福州市人民政府授予的"名艺人"称号。

△ **寿山石雕作品　林黎明作**

◁ 俏色芙蓉老子骑鳌摆件

长17.8厘米

▷ 白芙蓉辟邪钮扁方章

5.5厘米×2.6厘米×10.2厘米

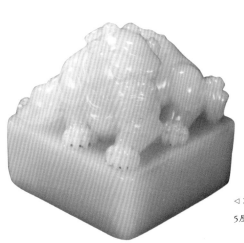

◁ 将军洞白芙蓉狮钮章

5厘米×4.8厘米×5厘米

◁ **寿山石雕作品（三方）　邱瑞坤作**

七
寿山石工艺的现状

　　现在，寿山石雕艺术取得蓬勃发展，涌现出许多艺林高手。但是，年青一代在艺术上能取得明显突破的还不多。有的年轻艺人偏重利益，目光不够远大；有的文化艺术修养不够高，视野不够开阔；不少人只求速度，过多地使用机械雕刻，失去了传统的精华——刀韵；还有人一味模仿传统题材，而技艺上又不能达到传统水平。

　　另一方面，寿山石材料确实也存在着许多局限性，近年来好石材少，价格贵，而原石本身的形状、色泽、硬度、韧性等都限制了艺人创新思维的发挥。还有一个局限是题材问题，寿山石雕的题材比较狭窄，老题材、老面孔的作品很多，题材新颖而富有创意的作品少。如此种种，牵扯或阻碍了寿山石雕艺术前进的步伐。

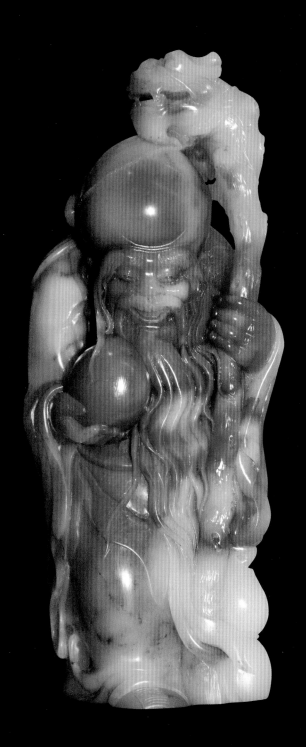

△ 寿山石雕作品　林黎明作

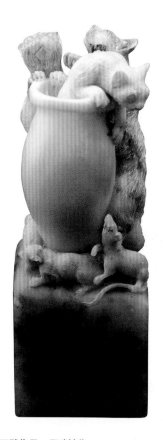

△ **玻璃结晶体荔枝洞石章**
3.2厘米×3.2厘米×1.2厘米

△ **寿山石雕作品　邱瑞坤作**

△ **坑头冻螭虎穿环钮扁方章（一对）　姚仲达刻**
3.7厘米×2厘米×5.5厘米；3厘米×2厘米×6厘米

综观世界的艺术史，都在不断地演变和发展，从古代到现代，从写实到写意，由宫廷到民间，发展成许多现代甚至是超前的艺术流派。然而，在当今高速发展的社会里，寿山石雕艺术的步履如此缓慢，是很不相适应的。

寿山石雕是中国富有特色的文化艺术，具有很强的民族性，无疑是世界艺术宝库的一颗明珠，但是目前寿山石艺术还没有像中国书画那样被西方世界接受，究其原因是审美观与文化背景的不同。

所以，寿山石雕在创作理念、艺术手法与创作题材方面要不断地改变、求新、多样化，才能既保持民族性而又能取得世界的认同，寿山石艺术必须有所创新与突破，才能真正地走向世界，让全世界人都来分享寿山石艺术的精美与温馨，让中华民族的文化艺术更加发扬光大。

雕刻寿山石有如明珠在手，艺人除了要有经验、智慧和胆识之外，更需要有宽广的心胸、诚挚的心态、远大的志向，才能将艺术推广得更高更远。

现在石雕界的年轻人主要有两种，一种是拜师学艺出身的，另一种是专业学校毕业的。前者中跳不出或不想跳出传统的较多，后者中有不少人致力于艺术的突破与题材的改变，但是技艺的基本功又有所欠缺。

无论是那一个门派，技艺到了一定的程度，都要进修深造，要不断充电才有继续前进的动力。最著名的林清卿大师，他不为金钱所动，放下雕刀拜师学画，数年后重新操刀，作品更具功力和创意，将薄意艺术推向光辉的高峰，便是很好的例子。

现在很多海内外的收藏家注重收藏名家名作、田黄石、芙蓉石与钮饰方章，其实，正确的收藏心态并不以名人佳制为唯一条件，对于有创意的作品也应有所侧重。

灿烂的寿山石文化，一样也有背光的一面，包括赝品问题、乱抬价问题等。要接受一种文化，在接受其精髓的同时，也要接受其另一面，寿山石的问题是客观存在的事实。

寿山石藏家的群休结构一直在不断演变，他们大多都受过高等教育，而海外的收藏家还受西方文化的影响，他们对艺术的理解和要求与前辈不一样，他们可能更喜欢新颖、含蓄而留有想象空间的现代作品，这为单纯固守传统的艺人和艺术家提供了创作的空间和努力的方向。

第四章

寿山石的鉴赏

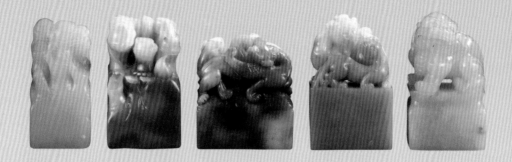

△ **寿山芙蓉石兽钮章（五方）**

寿山石的色彩鉴赏

　　《寿山石记》中描写石色五彩缤纷及其色相："其为色不同，五色之中，深浅殊姿。别有缃者、缥者、绮者、缥者、葱者、艾者、黝者；如蜜、如酱，如鞠尘焉者；如鹰褐，如蝶粉，如鱼鳞，如鹧鸪斑焉者。旧传艾绿为上，今种种皆珍矣。"

　　《观石录》里描述石色的文句较多："甘黄无瑕者""或妍如萱草""或倩比春柑""如郊原春色""桃李葱笼""出青之蓝""黄如蒸栗""黄如枇杷""鹅儿黄者"。

△ **寿山石雕作品　邱瑞坤作**

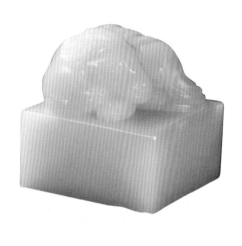

△ 将军洞白芙蓉古兽方章

3.9厘米×3.7厘米×6.5厘米

△ 白汶洋瑞兽钮方章

4.1厘米×4.1厘米×4.1厘米

△ 苍龙教子

18厘米×19厘米

　　《后观石录》中已形成以每一枚印石所具之色定位的概念，如："艾叶绿""艾背叶""羊脂""鸽眼砂""蔚蓝天""瓜瓤红""黄如碗酱""虾背青""肉红""炼蜜丹枣""桃花水""蜜魄色""白花鹰背""灰白花锦""洒墨"中"泥玉""杏黄""砚水冻""藏经纸""桃晕""红粉""苹婆玉""笋玉""象玉""蜜蜡""秋葵蜜蜡""甘黄蜜蜡""玉带茄花""落花水""洗苔水""紫白锦""蜜杨梅""干若绿，又名'干背绿'""豆白""朱砂磁壶色""铁色磁壶色，又作棕色"。

　　三篇著述中，对石色的描述和定位，已显出各人不同的标准和概念的发展，既有旁借前者的观点，又有个人独到之见解。《后观石录》的四十九枚石章的品种，已达三十多种以上。其中，关于色彩鉴赏的文字，对于今天鉴赏寿山石，在品石定种上仍有一定的指导作用。

△ **寿山鹿目田石　复得返自然摆件**

高8厘米

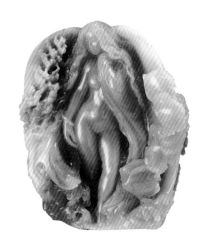

△ 旗降石　五牛图　郭懋介作

△ 芙蓉晶　蚌女　林飞作

二
寿山石的纹理鉴赏

　　寿山石的纹理，指寿山石自然形成的线条和图案。关于寿山石的纹理，古人描写得非常生动。

　　《寿山石记》写纹理之美，联系到自然景象，神奇妙幻，贴切生动："其峰峦波浪，縠纹腻理，隆隆隐隐，千态万状，可仿佛者；或雪中叠嶂；或雨后遥冈；或月澹无声，湘江一色；或风强助势，扬子层涛；或葡萄初熟，颗颗霜前；或蕉叶方肥，幡幡日下；或吴罗飓彩；或蜀锦缛文；又或如米芾之淡描，云烟一抹；又或如徐熙之墨笔，丹粉兼施。"

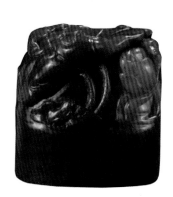

△ 寿山高山石章（三方）

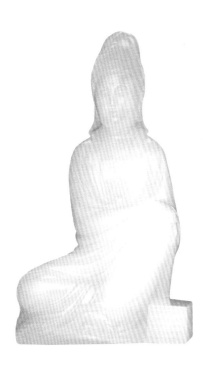

△ 荔枝冻石　摆件　郭懋介作　　　　　　△ 荔枝冻石　雕件　王祖光作

△ 田黄自然形章料
高7.2厘米

《观石录》中写纹理之句："望之如郊原春色，桃李葱笼""两峰积雪，树色冥蒙，飞鹭明灭""一如冻雨欲垂者""夏日蒸云，夕阳拖水""如墨云鳞鳞起者""有北苑小山，皴染苍然""如蔚蓝天，对之有酒旗歌板之思""皎然如梨花薄初日"。

《后观石录》有："初露蔚蓝三分许，渐如晚霞蒸郁，稍侵紫焰，而垂似黄云接日之气，真异观也。""通体浅墨如虾背，而空明映澈，时有浓浅，如米家山水。""春雨初定，水田明灭，有小米积墨点苍之形是也。""桃花雨后雾色茏葱，庶几似之。""天青色，而隐以红晕，蒙蒙如日隙洒雨。"

对纹理的描写，三位文化人都有自己的欣赏方式，由于欣赏对象的差异，虽同是写石之纹理，却彰显出各人文句的精彩各异，读之如游山水美景，欣赏万千气象，一枚枚石章如诗如画，真是美不胜收。

◁ 黄白荔枝冻　雕件
6.5厘米×4.3厘米×6厘米

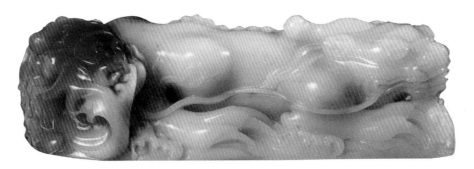

△ **寿山芙蓉石　金蟾戏钱摆件**

长11.2厘米

三

寿山石的石质鉴赏

《寿山石记》对石质的描述，利用了其所具象的物品："间有类玉者、琥珀者、玻璃、玳瑁、朱砂、玛瑙、犀若象焉者。"用这种以物喻石的方法，把寿山石的通灵别透、温润如玉的质感，活脱活现地展现出来，使读者虽未见其石，也已有贴切的感悟和丰富的想象。

《观石录》中对石质的描述有："美玉莫竞，贵则荆山之璞，蓝田之种；洁则梁园之雪，雁荡之云；温柔则飞燕之肤，玉环之体。""白者皆濯濯冰雪，是澄澈人心俯。""肤里莹然，瑛烛侧影，若玻璃无有障碍。""精华烂漫，如百年前琥珀莹透。""一浑脱高贵，若象牙，不辨为石。""润胜汉玉。""兰缠丝玛瑙。""白玉肤里，微有粟起，大似赵妃雪夜待人时。"

在《后观石录》文中，有"上半如碧玉，下半如红毛玻璃瓶，又如西洋玻璃瓶。""玉质温润，莹洁无颣，如搏酥割肪，膏方内凝，而腻已外达。""如白水滤丹砂，水砂分明，粼粼可爱。""殷于莱玉而白于蕨粉然，故明透曰：'晶玉'。""身玛瑙色。"

这些对寿山石石质的鉴赏和评价文字，十分传神和准确，为我们今天对寿山石的石质鉴赏提供了重要角度。

△ **高山石瑞兽钮方章**

7.9厘米×7.9厘米×18.5厘米

　　方章为高山朱砂石，印材巨大，呈色红润，圆雕瑞兽钮，技法精良，古兽的动态及细部处理均十分到位。

四 寿山石雕刻艺术鉴赏

　　寿山石雕刻艺术鉴赏首先是要观察寿山石雕材料的应用。鉴赏时要注意石材在应用中的色调一致，不得双色，双色变为阴阳脸，影响整件作品的效果。人物脸部不得有裂格，有裂格会直接影响面容美观。如果在雕刻过程中出现裂格要巧化其格，以头发饰，或披肩饰。

　　一块寿山石因人而异，有的雕人物，有的刻动物，或是花草，有的雕流传人物与古兽，有的雕刻钮饰之类。寿山石艺术家温九新说，他看到一块石头，首先会考虑取材印章，印章不行就圆雕。

　　鉴赏还要看人物雕刻选材的应用情况，温九新雕刻的寿山石《三仙》作品，即是以粉红色部分作为人物脸部构图，白色作为背景色，红色为衣饰，这样给人一种清新愉悦的感觉，使得人见人爱。这件作品荣获第三届"风华杯"银奖。

　　寿山石传统人物鉴赏要注重看形体。形体的把握是关系到一件作品成败的关键，虽然传统人物在衣饰方面比较丰富，有些地方可以遮掩，不同于现代人物雕塑那么裸露，但是还是要注意形体布局。

　　人物雕刻是十分严谨的，形的掌握涉及作者对题材的选择，涉及作者自身的素质、审美水平的高低。

　　温九新说，他在创作《福星高照财源广》这件作品时，分别对不同的人物造型进行了形体的设计，长的石头雕刻站立人物，小的石头设计卧式人物，半小的石头是蹲卧式的。在形体设计上注意人物比例结构，注意人物表情、衣饰、动态等多方面构图。

　　这组组合作品不重叠，不复制，多个作品表达正确，整组作品有整体感，避免了与主题无关的细节。虽然这组作品体积小，但作者在把握其形体的同时，对细节进行细致的刻画，使其形神兼备，达到最佳的境界。《福星高照财源广》这组作品荣获中国第二届工艺美术大师"金奖"。

五
寿山石的俏色鉴赏

　　寿山石色彩绚丽，五彩缤纷，要在俏色上下功夫，巧化天工，达到"天人合一"的佳境。"一相抵九工"这是行话，说的是一块好石头要物尽其材，使之达到最好的艺术效果，这就需要因材施艺。

　　因材施艺是一个成功雕刻家的长项。因材施艺的重点就是讲巧色的利用。一块石头有一种颜色，刻一件观音或佛手，就简单多了。有多种颜色就要考虑分色取巧了。

　　温九新作品《祖孙乐》，是一块水洞高山石，全色调为白色和红色，作者以白色部分为山岩、云雾；红色雕刻仙人祖孙，场面喜庆，非常热闹；其中有一金黄色的点雕为蝙蝠，作品达到非常好的艺术效果。这就是巧雕巧色的妙用。

　　还有《螭虎穿环》，为白色与红色两色阶。作者以白色雕刻石岩，以红色刻十三螭虎穿环，石岩略动几刀，螭虎精细刻划。十三螭穿环，环环能动，前面一片白色化为古钱币，寓意吉祥，这样巧色安排达到理想的效果。

　　中国宝玉石协会会员、寿山石雕艺术家江在勋1989年创作的《钟馗训鬼》，采用的是巧色巴林石，它有红、黄、黑三色，作者将黑色部分雕钟馗，加强其刚毅表情，黄色的雕小鬼，红色的雕酒坛，作品处理得恰到好处，人见人爱，到台湾展出，深受收藏家的喜爱。

　　1999年，江在勋创作的《送子观音》，充分发挥石材的固有色彩和材料的局限，利用绿色的雕琢灵芝，黄的雕荷叶，使作品色彩产生强烈的对比，观音的脸部表情柔丽而慈祥，加之童子与观音之间的相互呼应，作品艺术效果非常完美。该作品参加第十届福州雕刻艺术珍品奖，参评会上得到专家同行的一致好评，获得优秀奖。

　　人物和动物作品可出巧雕佳作，花果类也是如此。工艺美术大师冯久和最擅长巧色的应用，他的花果篮百花盛开，或红，或白，或黄，花边有一点黑的化为蜜蜂，有一片黑的刻为蝴蝶。因材施艺，巧化天然颜色，也可以说是巧夺天工了。

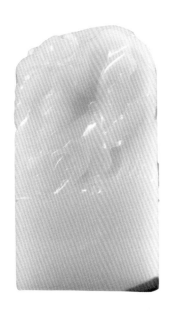

△ 寿山汶洋石　一品清莲章

9.5厘米×5.2厘米×2.6厘米

△ 寿山芙蓉石　母子狮钮章

10.6厘米×5.4厘米×5.4厘米

△ 寿山鹿目田石章（一对）

长7.5厘米，高5厘米

六
寿山石的石皮鉴赏

寿山石的石皮鉴赏也属于巧色鉴赏，但寿山石的石皮鉴赏是一个较大的专题，具有独特性。

寿山石的皮多种多样，多姿多彩，皮白心黄的称"银包金"，反之为"金包银"，黑的称"乌鸦皮"，灰的称"棺材灰"等。带皮的上品寿山石是珍贵的。

天生的石皮是不可预料的，雕皮的技术也顺时而变，如《江渚渔樵》原石有一层黑色的"脆皮"，由于脆，不宜细琢，就在皮的上部削出三个人形，如皮影，是为渔樵小童。底部也刮出一道白色的"肉"，以示"滚滚长江"。余下的"黑脆皮"保留，固有的天然肌理如岩石之纹，这是名副其实的"天工"。在"皮"与"肉"之间的过渡层呈紫红色。映于"人形"之脚下，宛如西下的"几度夕阳"。

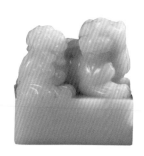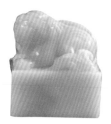

△ **寿山汶洋石狮钮章（四方）**

△ **海洋生物 邱瑞坤作**

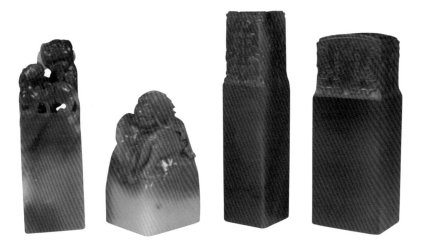

△ **品种石 三联章**

有的石面上虽有多层皮，但薄如纸，事实上是由几层不同颜色合成的一层皮。如一块水洞高山石就是如此，皮从外到里依次为"黑脆皮"、红皮、黄皮，"肉"是白色的。作品表面留下黑脆皮一道一道的，如旭日在沙滩的投影，衬出一波一折的被水冲过的纹路。左下部分是红、黄、白三色的交界，刻了几道曲线"波纹"，暗示一波未平一波又起。主角是脚印，由近及远向旭日方向远去，并有意识地安排在交界处停顿的脚印，作品名叫《曙光》。

雕皮时，刻到兴起处，是很难顾及浮雕与薄意的界线的，往往结合起来进行。

有件名为《翠鸟》的作品，料是一块被切成近似缺一角的长方形的芙蓉石，附有三层皮，外层为淡黄灰色调，比较散，往里是褐色，再入是白色，底为黑色。另一面较花，凿有字样，曰："平平止水，澹澹云奇。时至我发，千层浪起。"作品便是依此意来作。

外形不变，如一张被剪去一角的纸。黑色的"底"恰似一江"止水"。那干枯的两片荷叶暗示秋风渐逼。上一片荷叶的脉络又如往下罩的网，下片叶翻卷似浪，翠鸟便在"浪尖"上。两片叶子相互呼应影响整个"画"面，营造一个暗藏险象的寂静气氛。荷叶上的露珠点出具体时间为清晨，太阳还未出来，所以整个调子是灰的。左下方保留一小片白色的"皮"，如云之倒影，也像水面浮物，表明静静的云正悄然地变幻着。

荷花起着调和上、下景物作用。白色翠鸟处于"诗眼"的位置，做了较细的"特写"，用浮雕的写实技法，而其他景物均为薄意技法，再加一大黑底衬小白点相当醒目。翠鸟的眼竟像人眼。

该作品的作者——中国工艺美术学会雕塑专业委员会会员何马说："提到翠鸟，不禁想起童年往事。那时，常到深山野林砍柴放牧。倘若运气佳，就能一睹璀璨雄姿。翠鸟总像一颗绿宝石粘在水边的枝梢或岩石上，眼睛盯着水面。一切似乎凝固了，正自怨心跳得太响。突然，扑的一声巨响，翠鸟如绿色的闪电，一闪即逝。唯见浪花四溅，余音震耳。水面便迅速荡起涟漪，从小到大一圈一圈地传了很远很远……"

了解这些创作背景，对于鉴赏寿山石的石皮艺术是大有裨益的。

薄的皮也能雕出意境来，潘主兰说："薄意者技在薄，而艺在意。言其薄，而非越薄越佳，因未能如纸之薄也；言其意，自以刀笔写意为尚，简而洗脱且饶有韵味为最佳，耐人寻味以有此境者。"

△ 善伯石　二乔　林飞作

△ 焓红石　独霸寒冬　林享云作

　　作品乃近年创作之最大熊雕，十三只熊形态逼真，神情各异，惟妙惟肖，气势动人。熊毛开丝精致细腻，层次分明。冰上白色群熊凿冰觅食，冰下108条红色群鱼栩栩如生"探光"蜂拥而上，为作品增添了无限生机与情趣，充分展示北极寒冬自然生命的瞬间。此作无论整体效果还是石料之细腻、纯洁，皆可称为极品。

△ 寿山石雕作品　邱瑞坤作

△ 寿山汶洋石　吉羊钮章（三方）　林享云作

七 创新作品的鉴赏

没有创新，作品就没有生命力，创新的寿山石雕往往更令收藏者和观众喜爱。

如福建省寿山石文化艺术研究会会员、寿山石雕刻艺术家徐玮创作的《谁与争锋》的作品，描述海鲜一族的题材，巧用朱砂性高山石，将色彩、花纹与龙虾相近的主体部分雕刻成一只大龙虾，用写实的手法对龙虾细节进行深入细致的刻划。

大龙虾的前部和尾部各刻一只对虾，上部头尾各刻一只螃蟹、海蟳，相互呼应，相互衬托，另将大龙虾背部的白巧色刻成小八爪鱼，增强了整体的动感和生气，使人赏心悦目。

整体作品主题突出，造型优美，构思奇巧，刀法多样，刻工精细，观赏效果好。既把龙虾、对虾、海蟳等相互抗争，时而打斗、时而觅食、时而嬉戏的场面刻划的形象生动，栩栩如生，又能将龙虾老大的"敢为天下先"的地位烘托出来。属于一件创新作品。

创新的作品都有一专多能、因材施艺、点石成金的艺术追求。如寿山石艺术家徐玮创作的《竹溪六逸》，一块石有黑、白、黄、红四色，黑色部分有砂质，开始作者本来要把黑色除掉，但后来却将其保留下来，布近景石，自然逼真；白色刻竹，黄色雕人物，红色做亭台楼阁，内容十分丰富。

作者利用高浮雕、镂空雕、圆雕，精雕细镂，利用寿山石丰富的颜色，表现六逸作诗、品茶、行吟，构思中讲究立体感与空间感，层次清楚，内涵丰富，力求意境生动自然。刻画人物性格，掌握特定环境情节，注重感情表露。细致地刻画竹林外景色，白云袅袅，流水潺潺，以衬托六逸休闲于山林之间的愉悦心境。

◁ 寿山石雕作品　邱瑞坤作

八
"次石"佳作的鉴赏

　　寿山石中的田黄、荔枝萃、旗降、善伯冻、杜陵等，色质俱佳，是一致公认的"佳石"。但如今已难以觅到。在繁多的寿山石品种中，占绝大部分的是"次石"，往往被人们所遗弃。

　　但"次石"遇到高明的艺术家，还是可以化次为宝的。

　　如中国工艺美术学会雕塑专业委员会会员、高级工艺美术师黄丽娟的作品《嘎妞妞》，选用的是一般高山石种的"次石"。也许它在石头交易市场上一连数星期都无人过问，但黄丽娟见后便被它那红、白、灰的色彩图案吸引住了，感到这色彩的清纯、可爱，是雕刻少女题材的好材料，便琢磨寻找有没有能刻脸部的地方，石上正好有一小块白色，为了与脸部白色面积比例相适应，作者大胆取舍，去掉整块石头的三分之一，取之精华。

△ 寿山石雕作品　邱瑞坤作

△ 寿山芙蓉石兽钮章（五方）

红、白、灰色彩，天然图案的搭配是《嘎妞妞》作品的闪光点。这在"佳石"中是难以见到的。从色彩关系学上说，红色深而面积小，而白、灰色淡而面积大，正成了对比关系，达到了艳而不俗，突出了色彩的个性，又体现了石头天然基理的特色。

《嘎妞妞》在设计造型上力求简洁、明快，适度加以夸张，使之更概括和装饰化。造型为色彩提供了空间，而色彩为造型穿上了美丽的衣裳，使造型与色彩相互独立又相互依存，且有机地融为一体，形成了具有个性化的石雕风格。

谈到创新经验和体会，黄丽娟说："佳石"如有幸遇上能工巧匠的艺术加工，则可成为完美的"石佳艺精"的艺术品；如若不幸遇上"艺次"不注重自然美的发挥，成了"石佳艺次"的庸作，让人看了心痛。好比一个原本长得挺美的姑娘只要文文静静，淡淡着装，自然典雅，使人感到像一道恬静的风景，可遇上一位"高超"的化妆师，经过一番浓妆艳抹，趾高气扬的左顾右盼，搔首弄姿，她立刻由人们可以接受的美变成了人人嗤之以鼻的丑。那么，使她变丑的是什么？是浅薄。

白居易的诗《杏园中枣树》写道："人言百果中，惟枣且且鄙，胡为不自知，生花此园里……寄言游春客，乞君一回视，君若做大事，轮轴需此材。"枣树较之其他的树的确不够婀娜多姿，也的确算不上风情万种，倘若在树中选美，枣树八成会落选。但如在树中选车轴之料，则只有枣树能胜任。

黄丽娟说："次石好比枣树，它在石头交易市场上，其貌不扬，很少有人问津。可我觉得和佳石对比而言，还是有许多优点可取。"

石头材大，选题方面广泛，而且在制作过程中能够随心所欲，随题发挥，大胆取舍，精确达到题材所需要的造型、道具等，不拖泥带水，多余累赘，使作品具有一定的量感和完整性。

石头色彩丰富，基理特别，有时一块石头含有多种颜色，颜色与颜色之间有的泾渭分明，有的相互渗透，是用画笔难以勾画的天然图案，给创作带来无限灵感、激情和想象空间。

石头种类繁多，造型各异，可以随形就势，处石于情，便会情不自禁地产生创作的欲望，就有刻不完的题材，同时促使不断寻找和探索雕刻的表现技巧、形式和手段。

从这三个角度鉴赏"次石"佳作之美，必有意外收获。

△ 寿山双色芙蓉石　龙凤呈祥对章

10.4厘米×2.3厘米×2.3厘米

△ 万象更新俏色芙蓉对章　陈为新刻

3厘米×2.8厘米×17厘米

△ 田黄摆件

3.5厘米×2.6厘米×1.7厘米

△ 乌鸦皮田黄福禄寿薄意章　刘傅斌刻

4.2厘米×4.8厘米

△ 白汶洋螭虎穿环钮扁方章　姚仲达刻

4.1厘米×2.3厘米×9.5厘米

△ 红花芙蓉花卉薄意章　郭子伯刻

2.2厘米×2.2厘米×7.2厘米

九 石雕配诗的鉴赏

寿山石雕创作择题受到创作者本身素质的制约。创作者除了必备制作的手工技艺外，尚需许多门外功夫，特别是对古代文学、历史和民俗要有所涉猎，拓展知识面，这样才会更好地把握好题材。

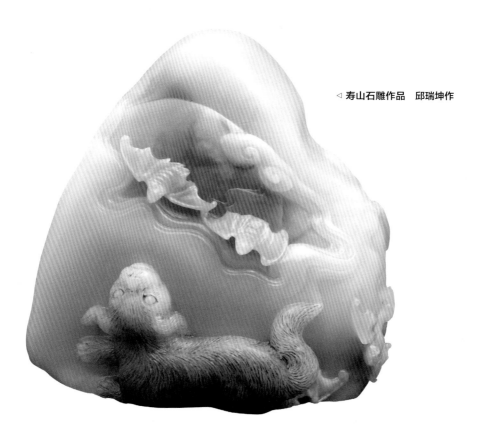

◁ **寿山石雕作品　邱瑞坤作**

△ **寿山芙蓉/汶洋石章（九方）**

　　一位寿山石雕艺术家讲述，他曾刻了一件寿山石雕《窃符救赵》，但对战国这段史实不是很清楚，因此在配诗时有"宫深怎锁故乡情"句。后翻阅了有关书籍，原来如姬窃符是为感激信陵君曾替她报了杀父之仇。遂改配诗为"风吹竹叶沙沙声，嘱托将军路慎行。但愿此符能救赵，寝宫行盗报君恩"。

　　这位寿山石雕艺术家还曾刻了一件表现晋代田园诗人陶渊明的石雕《忘归》，配诗原先第一行为"万念俱无心意灰"，调子显得很低沉，后改为"吟罢新诗愁绪飞，东篱菊卉沁心扉。小童直唤天将暮，卧看南山却忘归。"通过修改，更能体现陶渊明那种飘逸脱俗的悠然情趣。

　　寿山石雕的鉴赏者，也必须有一定的古代文学、历史和民俗知识，甚至还要有宗教方面的知识。

　　寿山石雕艺术家刻了一尊达摩，利用石头天然巧色刻达摩面壁静修，上有猴吃香蕉，以动衬静，突出表现达摩那种坚韧不拔的毅力。这位艺术家说，他在雕刻过程中，感悟到信仰是人生的精神支柱，所以他为这一作品配了诗："九年面壁顿觉醒，一苇过江度众生。清净六根多劫难，释禅当悟是精神。"

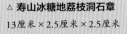

△ **寿山冰糖地荔枝洞石章**
13厘米×2.5厘米×2.5厘米

△ 寿山水洞桃花石狮钮章

10.2厘米×4厘米×4厘米

△ 寿山荔枝洞石　安居乐业章

8.5厘米×2.6厘米×2.6厘米

△ 高山石　三狮戏球　周宝庭作

刻弥勒笑佛雕像，将鼓山涌泉寺的那副对联化为小诗："笑口常开乐呵呵，缤纷人世笑事多。宽容大肚容天下，怨恨哪得求正果。"

题石雕《福寿镇纸》诗："莫言性善少年初，寿本无仁君料乎。福寿纹饰镇几案，须知行善即得福。"

刻一片荷叶上有几只红虾，冠名《家乡风味》，并题"家乡风味起乡思，最忆年少湖畔嬉。社戏欢歌成往事，惊闻船笛问归期。"作者想象有位华侨买了我这件小品带到异国他乡，品尝时引发的感慨。

在寿山石雕择题与配诗时，想象是必不可少的。一位艺术家刻《梁祝化蝶》，说是从收看电视有关梁祝音乐介绍而感发的，这个中国古代爱情悲剧在国外被称之为蝴蝶情侣。他刻了梁山泊和祝英台在白云缭绕中化为飞蝶的形象，配诗："共读三年情笃深，梁兄未识妾女身。世事浮云君难料，相随化蝶忆红尘。"

刻少女头像，除面部细刻外，其余均保留原石形状，并阴刻红花几朵。题诗："豆蔻年华花盛开，风吹香絮遍山崖。我心欲觅春归处，望断流云尽天涯。"

鉴赏带有诗词的寿山石雕，除了常规的鉴赏方式和鉴赏知识外，还需要有古典文学知识，方能真切领会到凝聚在寿山石上的诗情画意。

△ **朱砂芙蓉、善伯洞古兽三联章**

△ **结晶三彩芙蓉摆件**

高12厘米

◁ 寿山石雕作品　邱瑞坤作

十
了解创作过程有助于鉴赏

　　了解艺术家创作寿山石雕的过程，有助于寿山石雕的鉴赏。如福建省寿山石文化艺术研究会会员、工艺美术师陈群谈他创作寿山石雕的经过时，谈到他创作的《凿壁偷光》。

　　这件作品的石头原来没人瞧得起，色泽暗，也带有小裂纹，还有一层较厚的砂质石皮。经日思夜想，最后敲定刻古代叫匡衡的穷孩子，因没钱点灯，为了学习，在墙上挖个洞，借邻居家透出的余光看书学习的典故。

　　陈群选择了石头颜色较暗部分刻人物，豆大的白斑块和小裂纹刻衣服上的补丁，有砂质的石皮雕成墙壁，上面挖个洞。作品完工后用灯光照射洞口透出光线，正好表现一个穷苦孩子，跪在墙边聚精会神看书学习的情景，形象逼真，选材恰当，达到突出主题的意境。

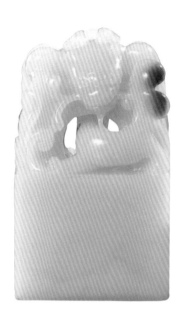 

△ 寿山汶洋石古兽钮章（一对）

6.7厘米×4厘米×2.6厘米；7.2厘米×3.7厘米×2.1厘米

△ 寿山石雕作品　邱瑞坤作

　　陈群创作的《新生乐》作品，整块石以白色为主，其中有一小部分是黑色的，又带有小裂纹。他选鳄鱼出壳这个题材，以白色裂纹雕蛋壳和一些小草，黑色部分刻探头探脑刚出壳的小鳄鱼，作品自然逼真，很难看出石头欠缺的感觉，该作品在21世纪福州雕刻艺术五十名家百名新秀精品大展中获"佳作奖"。

　　陈群手头曾有些寿山石小石料，颜色质地都不错，如果按一般的处理，顶多刻一些普通的古兽、挂件之类，很难登入"大雅之堂"。他在其中拣了十二个，有俏色，同一石性的寿山石经过巧妙设计，精雕细刻，一套栩栩如生的十二生肖动物展现在眼前。这套《生肖艺术》后来参加了寿山石"国石"候选石大展，也曾在第十二届福州雕刻艺术珍品奖大赛会上获"优秀作品奖"。

　　鉴赏这十二生肖的时候，鉴赏者只看到了石与艺俱佳，以为是作者苦苦追求的结果，谁料到其实作者是无心插柳柳成荫，但也是需要长期积累才能偶然得之。

△ **结晶芙蓉旭日东升摆件**
长11厘米

在假山造型的树根上，摆放着
六十多头、四十余种千姿百态的小动
物，名为《动物世界》，这是陈群利
用一些剩余的小石料，按与动物色彩
相近的石头刻成，巧妙安排的作品，
既像一幅画，又像动物乐园，仿佛把
我们带入动物世界。该作品展览时，
观众都说很有新意，动物之多，"工
程之大"，雕法之奇，也算是首屈
一指。

其实，这是以小见大。陈群谈到
创作体会时说："我在石雕创作中，
尽量做到小材大用，粗石细刻，不惜
多花工，想刻就刻，这是我的一贯
爱好。"

△ 寿山善伯洞石　时来运转章
高8.6厘米

△ 杜陵石鱼跃龙门摆件　郑幼林刻
高7厘米

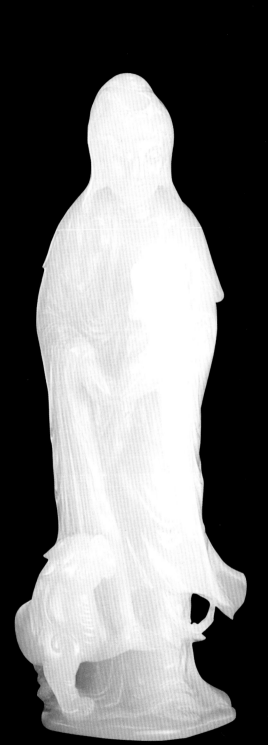

△ 荔枝冻石　雕件　王铨俤作

△ 杜陵石　螭虎　郭祥麒作

△ 高山石　梅花笔筒　林寿煜作

作品采用浮雕手法，依石造势，利用俏色，将白色处理成苍劲有力的树干，将红色雕成朵朵红梅。刀法精灵，红梅清逸，给人以轻风吹拂、落英缤纷之美感。树下三只白鹅，或曲项向天歌，或临池戏清水，更兼远山含黛，近水流潺，其景生动，其妙无穷。

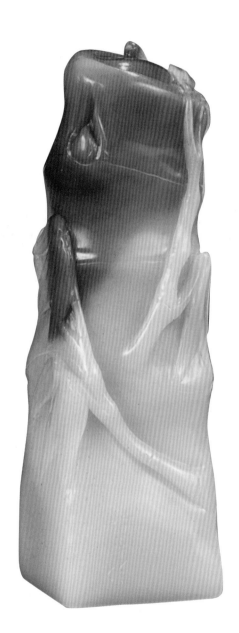

△ 寿山芙蓉石　虚心傲节章

高9.8厘米

△ 善伯石 论经 郭懋介作

△ **巧色芙蓉弯凤钮、洗象钮印章（一对）**
2.1厘米×2.1厘米×9.2厘米；2.2厘米×1.4厘米
×10.2厘米

△ **寿山品种石钮章（五方）**

△ 醉芙蓉鹅钮方章

4.8厘米×2.4厘米×6.8厘米

△ 寿山杜陵石兽钮章（一对）

高6.3厘米/9厘米

△ 寿山杜陵石章（四方）

◁ 坑头田黄石 九龙戏珠 郭功森作

十一
名品鉴赏

1 │《曲水流觞》 郭功森作

《曲水流觞》是中国工艺美术家、高级工艺师郭功森创作的作品。

郭大师擅长人物、花卉、山水、博古瓶等雕刻。与人物相结合的山水作品，有数件被我国各级博物馆所收藏。

△ 印钮 郭功森作

△ 高山石 群螭穿璧 郭功森作

《曲水流觞》作品，作者是以旗降石雕刻的。他描绘出一千六百多年前的兰亭盛会。当年王羲之邀集众多名士，散坐于蜿蜒曲折的溪水旁，把斟着酒的羽觞（酒杯），放在溪水上，任其顺流而下，杯子漂到谁的跟前，谁就要临流饮酒赋诗。相传正是在这次流觞曲水的风雅韵事中，书圣王羲之乘酣畅的酒兴，写下了举世名篇《兰亭序》。

作品相形度势，布局合理，境界开阔。表现的众多文士像，形态各异。

2 ┃《虎溪三笑》 叶子贤作

以历史题材和民间故事进行艺术创作是寿山石文化的一种体现，《虎溪三笑》便是一件取材于民间故事的作品。

△ 荔枝冻石　祝寿　叶子贤作

这是一块银裹金李红旗降石，是寿山石中的珍贵石种，颜色鲜艳迷人且石质脂润。作者以写实的手法并运用高浮雕与半浮雕相结合的技法进行创作，具有福州传统雕刻艺术的倾向。

作品中表现主人翁佛印为大文豪苏东坡与黄庭坚送行，在畅谈之中不知不觉路过虎溪，三人会心而笑的佳话。作者精心刻画了人物的容貌、神态和动作，提示他们的心境，另外又和背景高山青松、行云流水相互呼应，作者的成功之处是自身的主观气质、艺术功力与技巧在作品中得到了充分的施展。

"若要艺惊人，需下苦功夫"。作者十六岁就从艺，先学木雕，后涉足寿山石雕，数十年寒暑无间，勤学苦练，拜师访友，不耻下问，又得著名工艺师林发述指导。功夫不负苦心人，他最终成为寿山石雕艺术家中的佼佼者。

◁ 善伯石　摆件　叶子贤作

▷ 鹿目田石　五龙献宝　郭功森作

10厘米×7厘米×5厘米

3 |《螭钮对章》 郭祥忍作

许慎《说文解字》曰："钮，印鼻也"。古时之印乃信物也，故常随身而置，为携带方便，就在印的上方穿孔，系以印绶，佩挂于腰，这就是最早的印钮。随着印章艺术的发展，印钮的样式也逐渐丰富多彩起来。

古代印钮艺术最发达的时期是汉代，其特点是题材丰富，造型生动，刀法洗练，风格浑朴，端庄有致。

郭祥忍创作的《螭钮对章》蕴含汉印钮之意味。然而刀法古朴中寄寓灵巧，生动造型中有图案构成，传统意味已经得到了升华。作者有家学渊源，师承其父中国工艺美术大师郭功森，自幼从艺，孜孜不倦，终于业有所成。

△ 芙蓉石　古兽章　郭祥忍作

郭祥忍精于印钮与博古钮饰，他潜心探索，钻研中国传统器皿：钟、鼎、彝器的凤纹、龙纹、螭纹等图饰，以现代美学意念追求博古图饰线条的立体感。他的作品受到收藏家的青睐。

今天，他继续突破和发展的艺术天地异常广阔，毫无疑问，经过不懈的努力，终将成为卓有成就的艺术家。

△ 汶洋石　古兽对章　郭祥忍作

4 |《米芾拜石》（白荔枝萃） 林飞作

　　林飞的《米芾拜石》所用的石材，是一块跷偏长的高山石，色艳红并含有朱砂纹理，十分可爱，令作者不忍随意动刀。

　　但作者的艺术灵感，亦随之而生。他只在原石的下方，匠心独运地雕刻了米芾躬身下拜的情景，既保持了石材的自然美，又展现了一个生动的故事，赋石头以生命，起到点石成金的艺术效果。

△ 荔枝冻石　蚌仙　林飞作

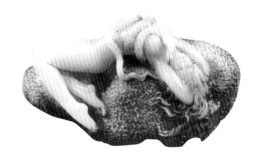

△ 善伯洞石　雕件　林飞作

△ 金砂善伯石　李铁拐渡鸡　林飞作

△ **旗降石　贵妃醉酒　林飞作**

　　作者栩栩如生地刻画出杨贵妃酒后，在宫女搀扶下，似醉非醉、风情万种的妩媚之态。作品构图精巧，形体线条虚实结合，服饰飘逸灵动，细部刻画生动细腻，充分体现出东方古典女性之高贵与优雅。俏色利用十分巧妙，贵妃两颊之红晕，美似朝霞，艳若牡丹，使其酒后之美更加突出。

5 ｜《岁寒赏梅》（黄白高山石） 刘爱珠作

此件作品为女雕刻家刘爱珠所作，是作者对石材自然美的尊重与酷爱的珍贵之作。

它的特点是不太强调表现手法上的"多工笔少写意"，而是相反地提倡"多写意少工笔"。作者通过"相石"，产生了艺术创作的灵感和美的享受，继而利用天然石形进行创作。

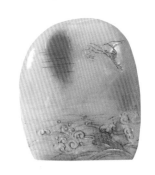

△ 旗降石 一品当朝 刘爱珠作

6 ｜《海底世界》（高山石） 林亨云作

高山石在寿山山坑石中是储量最大的石种。它虽有千年的采掘历史，但开采量都不大。真正大量的开采，始自20世纪70年代初。

高山石与其他石种相比，质微松，但却晶莹，色彩异常丰富，从《海底世界》作品可以看出它红、黄、白、黑、灰、赭……各色俱全。在各种色泽中，它们还有浓淡深浅之分。

《海底世界》是老艺人林亨云创作的一件珍品。这块原重达65千克的高山琪源洞寿山石，经过一年多的精心雕镂，只剩下19.5千克。使作品愈显得虚实有别，玲珑剔透。

△ 墨晶石 斗趣 林亨云、林凤妹作

作者惟妙惟肖地运用石料的天然色彩，刻出五彩缤纷的海底游鱼，集中反映出作者在色彩利用上的精妙之处。我们从作品的右中上一条鱼嘴中喷射而出的小鱼群就可见一斑。它们是非洲的一种热带鱼，叫吴郭鱼，母鱼把鱼卵含在口里孵化。

　　这群离开母亲保护的小吴郭鱼，形态各异，活泼生动，并闪烁着亮晶晶的眼睛。说到眼睛，谁又能想到这一对对针眼大小的眼睛，是作者利用上苍的赐予，而不是人为镶嵌上去的呢？观者仿佛置身于美丽的海底水晶宫，陶然心醉。

　　作品的成功在于作者广泛地采用镂空雕刻的技法，一丝不苟，巧用石色，把赤、橙、黄、白、黑等天然石色，分别刻成珊瑚石礁、各种鱼类、水母及其他水族，该作品层次分明，对比强烈，各种鱼类虽处无水之海底，却仿佛游弋于碧波之中。

　　这件作品石材名贵，材料大，质地优异，色彩漂亮而丰富，便已先声夺人，而《海底世界》是林亨云的强项，他巧运妙思，精雕细琢，精心营造出一个丰富多彩、新奇美丽的海底世界。

　　1990年在中国第九届工艺美术百花奖评比中，《海底世界》荣获珍品金杯奖的殊荣。

△ 焓红石　母子情　林亨云作

7 | 《四美人》（鸡母窝高山石） 陈庆国作

采用鸡母窝高山石雕刻的《四美人》，系特级女艺人陈庆国的作品。

作者技术全面，寿山石雕的各种雕刻技法，均能得心应手。贵妃醉酒、西施浣纱、昭君出塞、貂蝉闭月四位绝代佳丽婀娜多姿的美艳与风韵，被作者描绘的何等生动。作品虽小，却玲珑可珍。

人物类雕刻，目前已经成为寿山石雕的主流。艺人们依石就势，以浪漫的构思，设计了众多神态各异的人物造型。它们虽然多以传统的仙佛类题材为主，但却体现出社会各阶层的生活气息，表达了各自所表现形象的善良、文静、谦和、傲慢、沉思、欢笑、愤怒等。

△ 高山石 海味盘 陈庆国作

作者利用寿山石俏色，雕刻出蟹、虾、螺、蛏、蚌等海鲜品，再配以古色古香的盛盘，在视觉上给人愉悦享受。虽则所雕之物皆为人们熟悉的海产品，但作者能寓奇崛于平凡，因石制宜，巧夺天工，以"一盘海鲜"驰名寿山石界。

第五章

寿山石的收藏

△ **荔枝冻石　花香果藏　朱辉作**

▷ **俏色芙蓉古兽钮方章**

5.3厘米×5.1厘米×8.5厘米

一
寿山石的收藏现状

　　寿山石热，促进了寿山石市场的发育，目前，各大城市都有寿山石专卖店，甚至有寿山石一条街。如在寿山石发源地福州市，鼓山镇樟林村就建了雕刻工艺品一条街，街两旁的楼房鳞次栉比，家家楼房内几乎都设置有寿山石雕工艺品陈列室，给人浓浓的艺术氛围，令人流连忘返。

　　寿山石雕刻工艺在樟林村已有悠久的历史。早在清末年间就形成东门派系的工艺组成部分，代代相传至今。随着人们生活水平的不断提高，石文化也越来越受到人们的青睐，市场前景看好。樟林人抓住机遇，不断扩大雕刻规模，全村一千多人中，就有500多人专门从事雕刻业，形成了寿山石创作、加工、销售、交流石文化的市场格局，成为远近闻名的雕刻专业村。如今产品销往世界各地，雕刻工艺品年销售额达一千多万元。

△ **寿山石雕作品　邱瑞坤作**

△ **前后赤壁赋　陈忠森作**

△ **寿山鸡母窝石　神仙鱼摆件**

高8.2厘米

△ 寿山高山石章（五方）

△ 寿山月尾冻石　母子螭虎钮对章

10.3厘米×2.3厘米×2.2厘米

　　福州最著名的寿山石集散地是特艺城、珠宝城、寿山石贸易中心，主要经营寿山石。此外，福建省民间艺术馆每两个月第一个周末定期举办寿山石玩家藏品交流会，吸引了全国寿山石玩家的参与。

　　寿山石市场与所有古玩艺术品市场一样，分为地摊交易、商铺经营和拍卖会三个层级。拍卖会一般只有春拍和秋拍两次，藏家平时买入寿山石只能到交易市场，而寿山石玩家藏品交流会则为选购者和收藏者提供了一个可靠渠道。

　　玩家藏品交流会如今成为寿山石市场的第四种交易形态，给喜爱、收藏寿山石的石友提供了一个可靠便捷的流通平台，帮助他们将部分藏品流通，实现以藏养藏，同时让藏家和收藏爱好者多了一个购买渠道。爱好者在现场观摩后相中其中一块寿山石，只需要按标价（藏家制定的转让价）缴款即可购买，不需要像参加拍卖会那样预先缴纳押金，买方也不需要缴纳别的任何附加费用。

　　为了确保拍卖会和交流会的成功举办，福建省民间艺术馆作为主办单位，对所有参加的藏品交由专家进行严格的鉴定把关，还做出了保真承诺。

　　寿山石原产地政府有关部门也积极行动起来。寿山石原产地寿山乡筹划开发以寿山石文化为龙头的综合旅游项目寿山石商品一条街，建造一个寿山石文化展览馆，推出寿山石超级旅游拾石一条溪，开放一个寿山石观光矿洞，圈起尚未挖掘、永不挖掘的一块地——田黄石原矿的最后两亩地。政府介入和参与寿山石收藏市场和寿山石文化的建设，为寿山石收藏提供了价值保证。

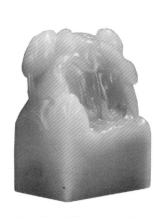

△ 寿山芙蓉　汶洋石章（一对）

高8.3厘米/6厘米

△ 寿山善伯洞石　螭虎戏金泉章

高8厘米

△ **寿山石雕作品　邱瑞坤作**

寿山石 "包浆" 的鉴定

　　在寿山石收藏中，许多人总提及 "包浆"， "包浆" （有些人念作相近的福州方言 "泊浆" ）是指古旧石雕经过收藏者长期在手中玩赏摩挲，表面所形成的一层油脂状光泽。年深日久，油性逐渐渗透里层，使石质产生变化，倍加滋润明亮，色泽亦显浑朴，无新石之火气，别具韵味。

　　这种年代留在寿山石上的印痕，是一般的手工磨光技术所难以达到的，这是因为不论是清代的叶，还是当今的水砂纸、瓦灰粉，任何磨光材料都无法跟人体的肌肤、手油长年把弄抚玩所产生的自然美感相比。

◁ 高山石　世态（八件）　何马作

　　人情百种，世态万千，不论善恶美丑，一经漫画家变形夸张，其讽刺之意，顿时暴露无遗。作者将漫画手法运用在寿山石人物雕刻上，其效果令人拍案叫绝。这组作品堪称"人物漫雕"之力作，作者以突出人物脸部表情为主，以体态、服饰为辅，打破人体比例常规，使漫画诙谐、幽默之功效，在石雕中得以淋漓尽致地发挥。观赏此作，令人捧腹之余，发人深省，引人沉思。

△ 寿山芙蓉石　福寿齐眉摆件

高12厘米

△ 寿山善伯洞石　童子送福章

11.5厘米×2.8厘米×2.8厘米

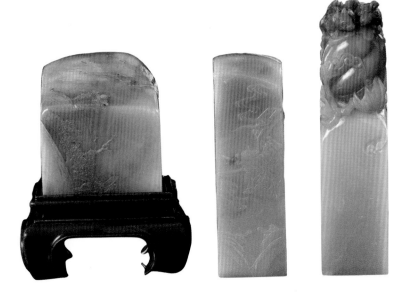

△ **寿山善伯洞石章（三方）**

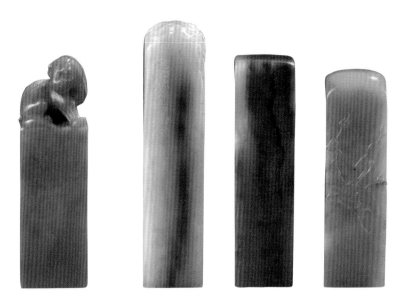

△ **寿山杜陵石章（四方）**

△ 高山石　求偶鸡　陈敬祥作

△ 荔枝冻石　对酒当歌　王铨俤作

△ 寿山芙蓉石兽钮章（一对）

高5.5厘米/9.8厘米

△ **水洞朱砂　海的女儿摆件**

高8厘米

△ 俏色汶洋双栖扁章
3.2厘米×2.4厘米×15.1厘米

◁ 西安绿古兽钮方章　　陈为新刻
4厘米×4.7厘米×11.2厘米

传世的寿山石，随着岁月的久远，"包浆"的层面也会越加明显，更富手感。鉴藏家通常凭借"包浆"的程度来确定石雕年代。所以收藏古旧寿山石时，千万不可轻易地对作品重新打磨或任意雕琢修补，即使是表面出现了缺损或硬物擦过的痕迹，也无须修补，因为这也是旧藏品的特征，一旦原貌遭到破坏，往往弄巧成拙，降低了收藏的价值。

当然，"包浆"也不是鉴定旧石雕的唯一依据，还必须综合各方面的因素。比如，同时期的雕刻品，由于收藏者的不同，或抚玩手法的差异，所出现的"包浆"也不可能一样；再者，在现实中，还曾经有过"古石新雕"的事例，即古代石章因钮头残缺等原因，后人重加雕琢，但印体却依然保留原先的"包浆"。鉴定者稍有疏忽，会被"包浆"所惑，误定为古钮雕。

另外，还应将"包浆"与经过仿古处理的石雕区别开来。寿山石雕的仿古技术始于清代，盛于民国期间，处理方法有多种，其中"熏烟法"最接近"包浆"的效果。

△ 杜陵石　群狮戏球　林炎铨作

△ 高山石　金蟾　林廷良作

△ 老性俏色芙蓉羲之爱鹅摆件

高11.8厘米

◁ **水洞高山瑞兽钮方章**

2.6厘米×2.6厘米×9.8厘米

此印为水洞高山石，呈色朱砂红，淡雅含蓄；印材方
正，以顶部白色处巧雕瑞兽钮，兽钮神态憨厚拙古可爱。

三
寿山石的保养

从总体上说，寿山石宜用油保养，但
不是每个石种都适宜。

比如，芙蓉石特别滋润、洁白细嫩，
久沾油渍则变灰暗，失去光彩，所以应忌
与油接触，尤其是藕尖白、猪油白，"入
手使人心荡"，更不能上油。上油后的芙
蓉石即泛黄，甚至出现石中黄白不匀的色
彩。古人已有这个经验，他们把上油后的
芙蓉石谓之"油泡芙蓉"。

△ **寿山芙蓉石、善伯洞石兽钮章（四方）**

△ 寒冬一霸　焓红石

△ 旗降石　牧羊人　林友清作　神州市雕刻工艺品总
厂艺术馆藏

△ 都成坑石　福禄寿连环瓶　阮章霖作

△ 山秀园石　悟

△ 寿山芙蓉石钮章（三方）

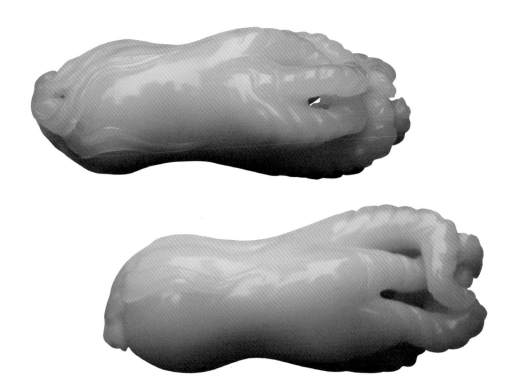

△ 佛手　熊艳军藏

　　所以，玩赏芙蓉石必先净手或戴白手套。人们常说芙蓉石天生丽质，何需"涂脂抹粉，乔装打扮"，净手抚玩，即有梁园雪与贵妃肤之美感，所以要根据不同的石质而区别保养的方法。

　　收藏者把玩芙蓉石时，还可在脸部和鼻翼两侧轻擦，让微量的脂肪油保养最为适宜。故用油养石不可一概而论。

　　寿山石高山系中的大部分石头与田黄石则不适宜长久握在手中。因为这类石头质较松，且因开采时受震动，招致许多裂纹隐于石内，由于手有热度，握久了石温就更高了，裂痕也就显现出来了。而且握在手中有可能不小心失手，那么损失就更大了。

　　所以，小件寿山石雕品最好抹些油，在小心玩赏之后，放回柔软的锦盒内，以免碰撞损伤。

　　况且，那些红色俏物的石头含铁量多，少见光不容易变色，或变暗。

　　有些人保养石头贪图一劳永逸，把石头泡在盛满植物油的缸里，这种做法是不适宜的。因为大部分好的高山石长期泡在油中，会更通透，然而也会使石的透明度变得灰暗，不自然，尤其鲜艳夺目的高山石长期用油泡，会失去昔日的光彩。

　　另外，如旗降石、峨嵋石，这些旗山系与月洋系中大部分硬度较高的石本身就不透明，即使在油中泡上一千年，也是不会通透的。

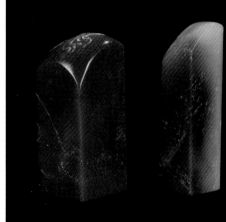

△ 寿山水洞桃花石薄意章（一对）
高7.2厘米/7.6厘米

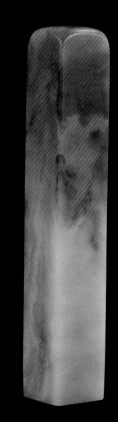

△ 寿山杜陵石章
15.8厘米×2.6厘米×2.6厘米

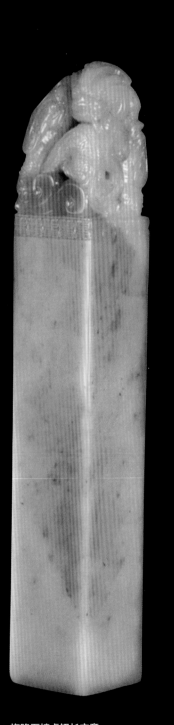

△ 旗降石螭虎钮长方章
2.7厘米 × 2.7厘米 × 17.5厘米

田坑石石性稳定，温润可爱，无须过多抹油，只要时常摩挲把玩。

水坑石冰心洁质，精细磨光后，把玩在手晶莹通灵，也不必油养。

山坑石中的高山石，质细而通灵，石色丰富，鲜艳多彩，但质地较松，表面容易变得枯燥，甚至出现裂纹，色泽也变得黝暗无光，如果经常为其上油保养，则流光溢彩，容光焕发。

高山石抹油后宜陈列于玻璃柜中，以免灰尘沾染。

白色的太极石上油久了会变成肉色质地，显得更加成熟，行家谓之"没火气"。

都成坑石与旗降石因坚实、质稳定，不必油养，多以上蜡保护。

寿山石中普通的石料，如柳坪石、老岭石、焓红石、峨嵋石等，石质不透明，产品磨光后进行加热打蜡处理，不用上油，如沾灰尘，不宜水洗，用软布擦抹，越擦越亮。

进行油养之前，应先用细软的绒布或软刷，轻轻消除石雕表面的灰尘，千万不可用硬物刮除，否则易伤及石材表面，接着再用干净毛笔或脱脂棉蘸白茶油，均匀涂在石雕的各部位，即可使雕件益增光润。

油养寿山石时采用白茶油是最理想的，花生油、色拉油、芝麻油皆会使石色泛黄，所以不宜采用。此外，动物性油脂与化学合成油脂也不适用于寿山石的油养，不但不能产生养石的功效，长期使用还可能严重破坏石质，所以请务必谨慎。

寿山石中珍贵的石种不可随意加热打蜡，会有碍于石种保持原来的面目。

△ 寿山石雕作品　邱瑞坤作

△ 结晶芙蓉瑞兽把玩件（三件）

△ 寿山白坑头石　摆件

高7.2厘米

△ 寿山荔枝洞石　麒麟教子章

高10.5厘米

△ 寿山鲎箕田石　渔家乐摆件

长12.8厘米

△ 寿山芙蓉石章（四方）

四
一个收藏家的成功之路

从成功的收藏投资者身上，我们可以更为直接地学习到收藏投资的技巧。

寿山石收藏家石明致力于高科技的光纤通信行业已经二十余年了，在信息社会中，一切的发生、发展都是那么迅速，什么都讲速度，这种速度不是线性的，而是跳跃性的。

虽然石明已入籍美国，但保持的仍然是中国心。他的前辈几代都是读书人，祖父是颇有名气的画家。受家庭的熏陶，石明自幼就爱好艺术，对中华民族博大精深的文化有着很深的景仰，唐诗宋词中所蕴含的东方神韵令他心醉神迷。

石明姓石，以前他对自己的姓氏很不以为然。石头坚硬粗糙，毫无感情，因此他总在有意无意地寻觅石头的妙处，竟寻觅了数十年。

渐渐地他发现，我们的祖先似乎一开始就与"石"有缘——山顶洞人会用石头制造简单的器具，原始文化分为新石器时代与旧石器时代，还有美丽的传说——华夏之母女娲炼彩石修补天洞。

在书中，石明看到了一个有趣的故事，应该算是"女娲补天"的续篇：女娲补天成功后游遍天下的名山大川，被福州寿山村秀丽的景色和勤劳的村民所吸引，与村民一起欢歌起舞，娲后身上遗留的补天彩石随舞飘散，散落在田间、溪涧和群山峻岭中，化作许多绮丽无比的寿山宝石。这个故事使他萌生了了解寿山石的好奇心。

偶然，石明在深圳的古玩店里看到了许多硕大的石雕，都标着"中国寿山名石"。店主说要清盘大拍卖，求他帮忙。他喜欢寿山石，同时也帮人解困，于是一口气就买了一大车。

这是他第一次买寿山石，也是第一次交学费。之后就常到文物古董店观赏寿山石，还买了许多寿山石的专著与图书。由于工作忙，他多次派人到福州、青田了解情况，并开始收藏真正的寿山石了。

△ 寿山荔枝　摆件

高14.3厘米

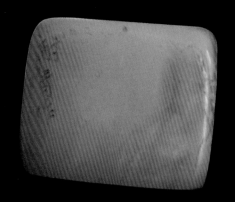

△ 寿山石印　耐青作　郭博藏

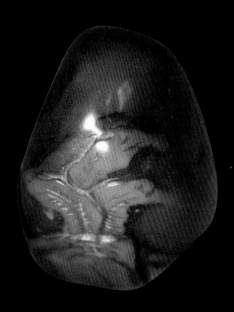

△ 寿山石随形印　郭博藏

△ 寿山荔枝洞石　博古图章

9.2厘米×2.5厘米×2.5厘米

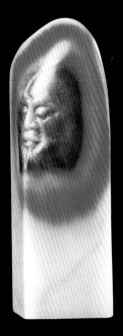

△ 五彩芙蓉石　思

　　2000年10月，石明得到了一个信息，著名的福州雕刻工艺品总厂要举办寿山石精品拍卖会。一个星期中他两度飞往福州参观欣赏，白天流连忘返，夜晚研读专著。这是他首次接触到高品质的寿山石雕，亲眼看到了许多书上刊登的珍品，并在拍卖会上拍到了几件精品，让他十分兴奋。

　　他感叹数千万年前的地质变化为我们后代留下了如此精美无双、丰富多彩的宝石，更惊诧南朝以来历代能工巧匠对寿山石美轮美奂、浑然天成的雕饰。

　　石明成立了咨询公司，有了较多的空余时间。在一年多内他多次去福州，见到了许多寿山石雕的精品，而且还认识了许多石雕界的名家与朋友，感受到了寿山石雕不可抗拒的魅力，更感受到了寿山石艺术家的谦和与智慧。他沉醉在艺术的享受之中，沉醉在朋友的温馨之中，这是他数十年的经历中从来没有过的，他说："真是天赐良缘，使我坚定了要为寿山石文化的发展与推广贡献力量的决心。"

　　有人说世界上的一切事情就是一个"缘"字，石明很相信这一点。他从不喜欢石头，到爱好浩瀚的中国石文化，最后聚焦到寿山石，经历了漫长的过程。有位福州朋友对他说："先生姓'石'名'明'，如果拆开来读就是石、日、月，石有日月之辉，光彩灿烂，石有日月之寿，地久天长。福州寿山的田黄石就是长期在溪水里，接受日月的精华，又长期得到大地的哺育才生成的人间瑰宝。"

　　这个夸张的比喻令石明惶恐，然而他感谢四十多年前父母取的这个名字。

　　石明越来越深地迷上了寿山石，也常常想着一定要上寿山游览，亲眼看看田坑、水坑、山坑，到底有没有一百多个品种？桃花冻、天蓝冻、鱼脑冻、水晶冻、艾叶绿、醉芙蓉……单单这些名称就美得足以令人心醉。

　　终于有缘上山探源了，出发的这天阴雨绵绵，车子不断地爬坡、拐弯，一个多小时后到了寿山村。他迫不及待地下车，想一览书中描绘的寿山胜景，可是山上也下着小雨，四周的山峰云雾萦绕，似乎为寿山石蒙上了神秘的面纱，却也有"山色空蒙雨亦奇"的诗意。

　　在石农的引导下沿着出产田黄石的小溪逆源而上。一路上看到不少人在溪水两旁的田地里刨坑、筛土、挖田黄。石农说挖田黄三分靠人七分靠天，有人没挖几天就找到田黄石，有人倾家上阵一整年也找不到一颗小田黄。

　　他还神秘地说："得到大田黄都有神仙托梦，要摆供祭神谢天地。"他指着一片用水泥与石块围起来的两亩地说，这是政府明令的资源保护区，禁止开挖。石明细想，全世界只有这条小溪的底下才出产田黄石，总面积不足一平方千米。过去的帝王、皇族都那么推崇田黄石，无怪乎田黄石那么稀罕珍贵了。

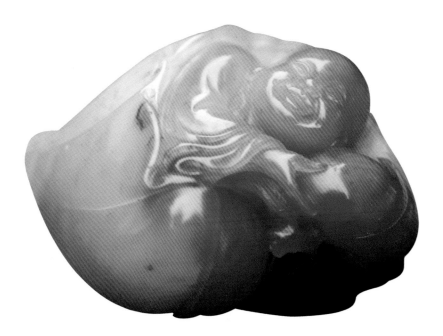

△ **雕件　熊艳军藏**

△ **芙蓉晶　福临如意　王一帆作**

　　作者独具匠心，巧妙运用芙蓉石的色泽，雕刻成一朵状似如意的灵芝，并缀以白色蝙蝠，表现人人幸福、事事如意。

△ **牧羊图田黄薄意随形章　六德刻**
高5.2厘米

△ 雕件（背面）　熊艳军藏

△ 鸡母窝天蓝冻古兽方章

4.2厘米×4.2厘米×7厘米

△ 寿山石雕作品　林黎明作

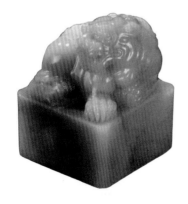

△ 红花芙蓉古兽方章

4.5厘米×4.5厘米×6.1厘米

△ 高山朱砂瑞兽钮对章

2.5厘米×2.5厘米×9厘米

△ 瓷白芙蓉如意钮、坑头犀牛对章（两对）

3.2厘米×3.2厘米×15.7厘米；高7.8厘米

△ 品种石　明式人物　王一帆作

他看到一对年轻的恋人，手挽手慢慢地走着，奇怪的是两个人的眼睛并没有看对方而一直注视着地上。原来也是在找田黄石，希望挖出的沙土被雨水冲刷后会现出田黄来。

到了坑头占，看到了最早开采的坑头洞。这里出产水坑石，发源于这个洞里的寿山溪出产田黄石，洞上方的高山与连绵而去的群山中埋藏着许多五光十色的山坑石，坑头洞是这种辐射的中心，怪不得寿山人把它尊为"宝穴"，在这里建石王亭，永作纪念。

石农说开采水坑石十分艰辛，一边凿岩一边要不断地抽水。由于积水很深，不能进洞探看，只好"洞内不胜幽，遗憾留心中"了。他在洞边的水里拾起了一小块白色的坑头石，光彩迷人，冰清玉洁，美极了。这使他想起书中的描述："坑头石因长年得到地下水的浸渍而晶莹透彻。"

坑头占的上方是高山，石农说高山出产的石头品种最多，有水洞高山、四股四高山、太极头、玛瑙洞高山石等。因为挖掘的矿洞太多、太密，前几年山顶塌陷了。

终于走到了荔枝洞矿区，隔山相望，只见山上流下来一大片黄色的石渣，原先的几个矿洞早就被淹埋了。虽然没有再去探看的必要，石明仍然翻过山坳，爬上了沙石坡，细细地聆听着石农的回忆，寻觅着老矿洞的位置和荔枝树的踪影。

△ 寿山山秀园石　渔歌唱晚对章

13.2厘米×2.6厘米×2.6厘米；13.6厘米×2.6厘米×2.6厘米

△ 雕件（侧面）熊艳军藏

△ 山秀园石　月蚀

△ 寿山杜陵石　螭龙钮章

10.5厘米×2.6厘米×2.6厘米

△ 寿山杜陵/旗降石人物摆件（三件）

△ **黄汶洋摆件　陈由军刻**

高9.5厘米

　　四周云雾迷漫，烟雨寒风扑面，石明心中感慨万千，无法想象当年红火的景象。据说1987年出产这种美石，因为当时洞口有棵荔枝树而得名。荔枝洞石十分通灵艳丽，使诸多坑石为之逊色，其白色部分犹如荔枝肉，红色部分恰似新鲜的荔枝皮。人们把珍贵的田黄石尊为"石帝"，雍容富贵的芙蓉石封为"石后"，娇艳无比的荔枝洞石封为"贵妃"，与其他坑石一起，俨然是一个神秘的"寿山石王国"。

　　唐诗"一骑红尘妃子笑，无人知是荔枝来"，在这里吟来别有一番感叹。

　　石明原以为研读了多部寿山石著作，对寿山石有了不少了解，上了寿山后，才知道自己是井底之蛙，所知甚浅，还未下山就计划着要再来探胜了。

　　第二次上寿山先去都成坑，这里正在施工，要开发成旅游区。石农指着一个不大的老洞口说："这就是当年轰动一时的琪源洞。"发生在这里的故事，多本寿山石专著都有记载：民国时这个洞发现了历史以来质地最美的都成坑石，人们称之"琪源洞都成坑"，都成坑石因此被推为"山坑之首"。也因此引起前后两家矿主打了数年官司，两败俱伤。好在美石永留人间。

　　琪源洞里虽然有电照明，也只是忽明忽暗。小心翼翼地走着，石明只觉得矿洞时窄时宽、弯弯曲曲、或上或下，有很多支洞，犹如迷宫。他看到洞壁的岩石大多是灰黑色的，石农说这种岩石叫"乌姆"。

　　都成坑石是"粘岩性的夹线石"，矿脉就夹在这种乌姆石中，所以都成坑石的质地比较坚硬通灵。走了许久，已经到了坤银洞，可是他还没有看到矿脉，石农用水抹去一处岩壁上的泥土，现出一条只有一二厘米宽的"石线"，黄澄澄的，在灯光下显得分外妩媚。他说这是一条分支的矿脉，不能让外人看见，说着又用泥土把矿脉"化妆"了。

　　他们走到一个矿洞的尽头，几位矿工正在开动钻机打"炮眼"，坚硬的围岩要用炸药炸开，才能"跟线"挖掘。石农一心指望前面的矿脉会"长大"，石质和色彩都要好，这只能靠运气了。这里每掘进一步都要付出很大的艰辛，要凿掉多少岩石，要运多少沙土，而且还不知道有没有收获。石明亲眼目睹了采石的千辛万苦，平时总觉得寿山石太贵的心理也就平衡了。

　　随后，石农又带他们看了善伯、月尾、旗降等矿洞，虽然只是走马观花，但石明对寿山石的丰富多彩、开采的艰难、上品原石的罕有都留下了深刻的印象，也使他对"读石"有了更深层的理解。他觉得每一种石头都有丰富的内涵，都有自己的性格。芙蓉石的雍容、都成坑石的刚健、善伯洞石的朴实、旗降石的睿智、大山石的坚强……奇妙的寿山石世界精彩纷呈。

△ **寿山品种石章（三十二方）**

◁ **杜陵石　版纳风情　商红光作**

　　晨曦初露，远山群峰叠翠，起伏绵延；彩云缭绕，流水潺潺；几幢傣家竹楼若隐若现；清澈的小溪旁，鸡犬相闻；椰树在春风中摇曳，椰果在阳光下散发着阵阵清香。傣家少男少女，或骑着象，或吹着唢呐，或驻足倾听，或忙着赶集……整个画面远近结合，动静交错，处处散发着热带雨林的浓郁风情。构成一幅安然、祥和的版纳风情图。

开采寿山石与画家选购画纸不一样，买画纸操之在我，而开采寿山石操之在天，石农是在"与天合作"，何其难也。画家在纸上想画什么就画什么，而雕刻家要根据每一块不同的原石进行设计雕刻，是"天人合一"，愈加困难。石明说："寿山石雕是上苍数千万年的神奇造化与雕刻家的智慧和技艺的结晶。"

△ **寿山芙蓉石　母子螭虎钮章**
7.2厘米×6.9厘米×4.1厘米

△ **不是谣传　邱瑞坤作**

△ **俏色杜陵罗汉钮方章　石卿刻**
2.1厘米×2.1厘米×2.4厘米

△ **寿山石雕作品　林黎明作**

◁ 较量　邱瑞坤作

五
收藏寿山石的人群

　　过去，收藏寿山石的主要是文人墨客，如今，收藏寿山石的有收藏家、收藏爱好者、艺术家、公务员、企业家和白领等各种不同身份的人。

　　其中一批企业家的参与，为价值提升奠定了基础，特别是一批民营企业家参与到了寿山石的收藏投资中来。如近年崛起的"寿山石大王"陈用贵爱石成"痴"，两年时间投入二千多万元，购买了大批石料和石雕，开辟了国内最大的寿山石藏馆——藏天园，成立了寿山石专业公司——藏天园公司，支持创办了寿山石交易中心——藏天园寿山石文化一条街，还经常与有关部门和专家学者合作举办寿山石文化艺术研讨会。

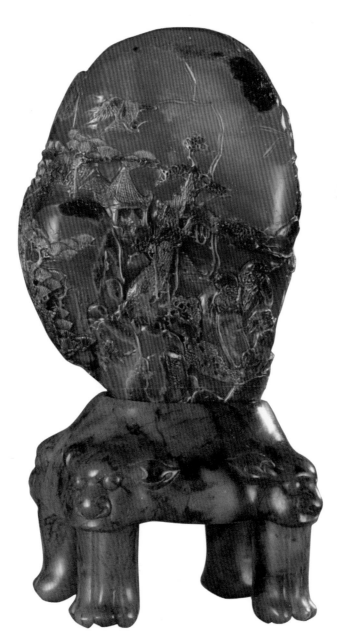

△ **五叟雅聚（另一面）　清代　蛤蟆皮田黄石**

7厘米×10厘米×4.5厘米

将军冻老芙蓉石章

3.7厘米×3厘米×8厘米

△ 薄意　田黄

△ 福　芙蓉石

9.5厘米×4.5厘米×2厘米

△ 灵芝如意　芙蓉石

△ **田黄山水人物薄意随形章**　近代　叶潞渊刻
2.5厘米×1厘米×5厘米

△ **寿山荔枝洞石章（五方）**

△ 老性红花芙蓉双狮钮方章　黄建林刻
4.9厘米×4.4厘米×6.3厘米

△ 寿山石雕作品　邱瑞坤作

◁ 三仙图　林黎明作

更为重要的是，他还积极协助有关部门推出世界上第一个寿山石标准，为寿山石产业的发展奠定了基石。

在深圳江苏大厦，也有一位企业家早在世纪之交，就慧眼独具，斥资二千多万元，大量收藏寿山石，尽管当时买的是高价，但现在藏品已经翻了几倍，这位企业家也成为一位成功的收藏投资者。

寿山石艺术品的收藏由于收藏者的文化素质、艺术修养、欣赏水平、个人爱好、经济条件以及家庭环境等诸多因素的不同而各有偏好。因此，也形成了各具特色的收藏与鉴赏群体，大致可分为三种类型。

△ 寿山石雕作品　邱瑞坤作

1 | 重工艺而不重石种类

这类收藏家在鉴别作品时，侧重鉴别是否出自某名家之手，并不重视作品是什么石种，只重工艺、重艺术、重效果。

如北京故宫博物院收藏的寿山石珍品，大多是帝王的玩赏品，其中不少是寿山石的老岭石、虎皮、峨嵋之类的一般石种，按行话说是"粗石"。福州市博物馆收藏的《山水薄意对章》竟是连江黄石。这种传世珍品以其和谐统一的形式美，闪耀着中国民间瑰宝的光芒。

寿山石雕的特殊表现形式由于其强烈的装饰性，而显得尤为突出。一

△ 寿星　林黎明作

△ **寿山石雕作品 邱瑞坤作**

般说来，工艺美术品的美主要在于形式，不像其他艺术受内容的制约。寿山石雕的形式美，不仅是孤立的某一美感因素的美，而主要是在于表现工艺美的重复、对称、均衡、对比、调和、节奏、韵律、和谐等形式，互相渗透、互相依赖，共同构成一件艺术品的整体美。它的审美性主要来自于各形式因素之间的巧妙而有机的组合与整合。

所以，收藏家重工艺美而不重石种，就合乎情理了。著名已故名艺人林寿煁的《稻香千里》，即是选用石质略粗的焓红石创作的。由于其独到的构思和精湛的技艺，该作品被福建省工艺美术珍品馆永久收藏。

△ **荔枝冻石　寿比南山**

将红黄刻成三个寿桃尖，堪称该作亮点。白色部分，塑造为九位神童，或抢抱寿桃，或喜吹喇叭，嬉笑逗乐，童趣盎然。黑色刻成流岚，寓意九子祝寿，寿比南山。作品技法精湛，俏色天成，富有文化内涵，令人回味无穷。

△ 寿山石雕作品　林黎明作

△ 寿山石雕作品　邱瑞坤作

△ 酒中仙印石　郭博藏

△ 兽钮印石　郭博藏

△ 寿山石雕作品　林黎明作

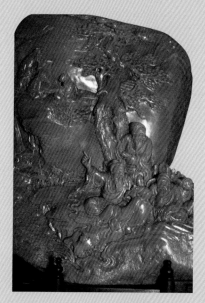

△ 寿山石雕作品（局部）　林黎明作

△ 寿山石雕作品（局部）

△ 寿山芙蓉石　螭虎钮章

高7.5厘米

△ 香海款印石　郭博藏

△ 寿山汶洋石章（两对）

8.9厘米×2.2厘米×2.2厘米/高7.8厘米

2 | 重石种不重名家类

　　自然天成的材料美是寿山石雕艺术的一大优势。《周礼·考工记》中曾提到"天有时，地有利，材有美，工有巧，合此四者，然后可以为良"。由此看出，古人已十分注重工艺美术的材料美了。

　　物质材料有其自身的审美价值，它的审美属性包括其物理、化学的性质和自然色泽、纹理等。历经数万年地质生成的寿山石，以其绚丽华贵、晶莹剔透的天然色泽、纹理向世人显现它的自身美。所以这类寿山石收藏家对一部分收藏品只求石质好、品种齐，是否为名家之作则无所谓。

　　我国优秀的传统工艺品和优秀的民间工艺品，一般都使材质美得到充分的发挥。福州寿山石开掘至今已有一百多个品种，它的优质品种和色相是无与伦比的，尤其是名贵的田黄石、芙蓉石、水坑冻石等。当然要收藏齐全寿山品种石，很不容易。这类收藏家从石种的角度去玩赏寿山石，也有无穷乐趣。

△ 白芙蓉古兽方章

3.2厘米×3.2厘米×13.8厘米

△ 寿山荔枝洞石章　献宝

11厘米×3.2厘米×3.2厘米

◁ 兽钮印石　郭博藏

▷ 松年款印石　郭博藏

△ 兽雕

△ 巧色朱砂芙蓉古兽对章

2厘米×2厘米×10厘米

△ 寿山汶洋石　母子螭虎钮章

高11.5厘米

△ **寿山芙蓉石 雕刻章**

高6.5厘米

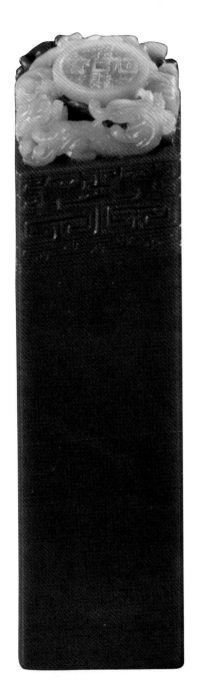

△ **寿山高山石 招财进宝章**

9.6厘米×2.6厘米×2.6厘米

△ **文君 善伯洞石 陈文斌作**

△ 三色高山摆件　郑幼林刻

高6厘米

△ 寿山芙蓉石兽钮章（五方）

△ 寿山杜陵石兽钮章（七方）

△ 寿山汶洋石章（三方）

△ 高山石　山雨欲来　何马作

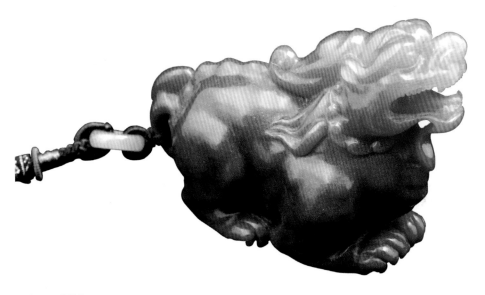

△ 狮　邱瑞坤作

3 | 既重石种又重名家类

这类收藏家，既追求寿山石石质要好，又要求工艺精湛，是属于比较高层次的收藏家。他们追求的是"先有美石，后有雕艺"。

寿山石雕的艺术价值除了好石头外，主要是雕刻艺术。雕刻家创作的完美艺术品，必须遵循艺术创作的规律。艺术构思必须融情感于物间，在娴熟的艺术技巧下，得心应手地发挥创造才能，只有这样，才能天工巧夺，创作出有高度审美价值的工艺美术品。

△ **爱意心切　邱瑞坤作**

△ **荔枝冻石　荷塘情趣**

　　"田园荷叶，千姿百态，一片芦苇摇曳轻"，作者将大自然迷人之景，浓缩于作品之中。洁白的荷叶，叶片向上翻卷，金黄的莲花含苞待放。两只青色的螃蟹，窃窃私语；一只通体透明的蜻蜓，轻轻栖落。作品色彩明丽，对比强烈，生动展示出无限清新和谐、充满诗情画意的自然美景。

△ **五彩荔枝冻石　摆件　王祖光作**

　　该作为五彩荔枝冻巨石，乃稀世之品，其石质通灵透澈，色彩分明，纹理如诗如画。作品构思独特新颖，颇具匠心。观音曲膝端坐，怀抱健壮活泼的仙童，背衬荷花，刀法古朴，刻痕灵动，线条柔和，动静互映。

△ 荔枝冻石　月下怀古　林大榕作

△ 善伯石　渔翁得利

△ 寿山水洞高山石薄意章（三方）

△ 白田冻石　摆件　清代

11厘米×8.5厘米×4厘米

△ 旗降石　菊花烟盂　王乃杰作　福建工艺美术珍品馆藏

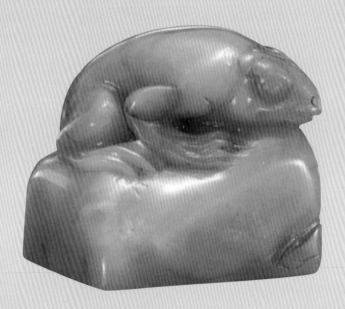

△ 田黄蛙钮印章　民国
3.4厘米×3.4厘米×3.3厘米

△ 寿山高山桃花洞石　张果老摆件

高6.7厘米

△ **寿山杜陵坑石　神兽献瑞　清代**

11厘米×11厘米×4.5厘米

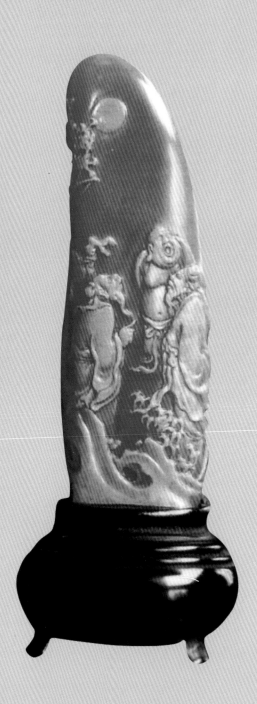

△ 虎溪三啸　郑世斌作

△ **渔翁得利　田黄冻石**

6.8厘米×6厘米×3厘米

△ **寿山品种石兽钮章（三方）**

△ 寿山石雕作品 邱瑞坤作